Alexander Hartung

Nanoskalige optische Fasern

Alexander Hartung

Nanoskalige optische Fasern

Über Führungs- und Feldeigenschaften und deren
Einsatz bei der Superkontinuumserzeugung

Südwestdeutscher Verlag für Hochschulschriften

Impressum / Imprint

Bibliografische Information der Deutschen Nationalbibliothek: Die Deutsche Nationalbibliothek verzeichnet diese Publikation in der Deutschen Nationalbibliografie; detaillierte bibliografische Daten sind im Internet über http://dnb.d-nb.de abrufbar.
Alle in diesem Buch genannten Marken und Produktnamen unterliegen warenzeichen-, marken- oder patentrechtlichem Schutz bzw. sind Warenzeichen oder eingetragene Warenzeichen der jeweiligen Inhaber. Die Wiedergabe von Marken, Produktnamen, Gebrauchsnamen, Handelsnamen, Warenbezeichnungen u.s.w. in diesem Werk berechtigt auch ohne besondere Kennzeichnung nicht zu der Annahme, dass solche Namen im Sinne der Warenzeichen- und Markenschutzgesetzgebung als frei zu betrachten wären und daher von jedermann benutzt werden dürften.

Bibliographic information published by the Deutsche Nationalbibliothek: The Deutsche Nationalbibliothek lists this publication in the Deutsche Nationalbibliografie; detailed bibliographic data are available in the Internet at http://dnb.d-nb.de.
Any brand names and product names mentioned in this book are subject to trademark, brand or patent protection and are trademarks or registered trademarks of their respective holders. The use of brand names, product names, common names, trade names, product descriptions etc. even without a particular marking in this works is in no way to be construed to mean that such names may be regarded as unrestricted in respect of trademark and brand protection legislation and could thus be used by anyone.

Coverbild / Cover image: www.ingimage.com

Verlag / Publisher:
Südwestdeutscher Verlag für Hochschulschriften
ist ein Imprint der / is a trademark of
AV Akademikerverlag GmbH & Co. KG
Heinrich-Böcking-Str. 6-8, 66121 Saarbrücken, Deutschland / Germany
Email: info@svh-verlag.de

Herstellung: siehe letzte Seite /
Printed at: see last page
ISBN: 978-3-8381-3344-7

Zugl. / Approved by: Jena, Friedrich-Schiller-Universität, Dissertation, 2012

Copyright © 2012 AV Akademikerverlag GmbH & Co. KG
Alle Rechte vorbehalten. / All rights reserved. Saarbrücken 2012

Inhalt

1 Einleitung   5

2 Einführung in optische Fasern   11
    2.1 Wellentheorie und Moden 11
    2.2 Chromatische Dispersion 14
    2.3 Nichtlineare Faseroptik 17
    2.4 Pulsausbreitung 18
    2.5 Fasertaper 20
        2.5.1 Adiabatizität 20
        2.5.2 Formgebung 24
        2.5.3 Herstellung 29

3 Herstellung nanoskaliger optischer Fasern   31
    3.1 Einordnung nanoskaliger Fasergeometrien 31
    3.2 Freitragende Nanofasern 33
    3.3 Integrierte Nanofasern 37

4 Führungs- und Feldeigenschaften freitragender Nanofasern   43
    4.1 Grenzen der Lichtführung 43
        4.1.1 Transmission optischer Nanofasern 43
        4.1.2 Kopplung zu Strahlungsmoden 46
    4.2 Eigenschaften der Feldverteilung 52
        4.2.1 Asymmetrie in der Grundmode 53
        4.2.2 Modenfelddurchmesser 53

	4.2.3	Verteilung der Leistungsdichte	56
	4.2.4	Nichtlinearer Parameter	58

5 Superkontinuumserzeugung in normaldispersiven nanoskaligen Fasern   61

   5.1   Klassische faserbasierte Superkontinuumserzeugung   61
   5.2   Faserdesign für gänzlich normale Dispersion   66
       5.2.1   Freitragende Nanofasern   68
       5.2.2   „Aufgehängter Kern"-Fasern   68
       5.2.3   „Photonischer Kristall"-Fasern   73
       5.2.4   Hoch nichtlineare Chalkogenidglasfasern   75
   5.3   Simulation nichtlinearer Pulsausbreitung   78
       5.3.1   Numerisches Modell   78
       5.3.2   Auftretende nichtlineare Effekte   79
       5.3.3   Stabilität des Superkontinuums   82
       5.3.4   Einfluss der Pumpwellenlänge   84
       5.3.5   Einfluss von Pulslänge und Pulsenergie   87
   5.4   Superkontinuumserzeugung in „photonischer Kristall"-Fasern   90
   5.5   Superkontinuumserzeugung in „aufgehängter Kern"-Fasern   94
   5.6   Superkontinuumserzeugung im ultravioletten Spektralbereich   101
       5.6.1   Das Potential freitragender und integrierter Nanofasern   103
       5.6.2   Nichtlineare Pulsausbreitung in Taperübergängen   106
       5.6.3   Experimentelle Ergebnisse   116
   5.7   Kompression der Superkontinuumspulse   121

6 Zusammenfassung und Ausblick   123

Literatur   129

Verwendete Abkürzungen

ADB	anomaler Dispersionsbereich
AKF	„aufgehängter Kern"-Faser
GGD	Gruppengeschwindigkeitsdispersion
IR	Infrarot
MDW	Maximaldispersionswellenlänge
MFD	Modenfelddurchmesser
NDB	normaler Dispersionsbereich
NDF	normaldispersive Faser
NDW	Nulldispersionswellenlänge
NLP	nichtlinearer Parameter
OWB	optisches Wellenbrechen
PKF	„photonischer Kristall"-Faser
SBS	stimulierte Brillouinstreuung
SK	Superkontinuum
SKE	Superkontinuumserzeugung
SPM	Selbstphasenmodulation
SRS	stimulierte Ramanstreuung
UV	Ultraviolett
VNLSG	verallgemeinerte nichtlineare Schrödingergleichung
VWM	Vierwellenmischung

1 Einleitung

Auf Quarzglas (Kieselglas) basierende optische Fasern sind einer der wichtigsten Wellenleiter sowohl der Gegenwart als auch der Zukunft. Bereits heute wird der Großteil der internationalen und transkontinentalen Kommunikation mit ihnen übertragen. Die Gesellschaft ist sich des enormen Einflusses der optischen Faser durchaus bewusst. Erst kürzlich wurde der faseroptische Pionier Charles Kuen Kao für seine bahnbrechenden Erfolge auf dem Gebiet der Lichtleitung mittels Faseroptik für die optische Kommunikation mit dem Nobelpreis 2009 geehrt. Auf Basis sorgfältiger Berechnungen behauptete er 1966, dass die damals gängigen Verluste von 1000 dB/km lediglich durch Materialverunreinigungen hervorgerufen wurden. Weiterhin sagte er voraus, dass hinreichend reine optische Fasern ein Signal über Entfernungen übertragen können, welche die jeder existierenden Übertragungsweise um ein Vielfaches übertreffen [1].

In den folgenden Jahren haben optische Fasern nach und nach immer neue Anwendungsbereiche besetzt und über vier Jahrzehnte später ist die optische Faser nicht mehr aus unserem Leben wegzudenken. Neben ihrer kommunikationsbeherrschenden Position revolutionieren sie momentan verteilte und lokalisierte Sensorsysteme und werden als Faserlaser aufgrund deren exzellenter Kohärenz und Strahlqualität zunehmend in der Medizin und Industrie zur Materialbearbeitung eingesetzt. Außerdem sind sie klein, leicht, unempfindlich gegen elektromagnetische Strahlung und kostengünstig.

Unsere schnelllebige Gesellschaft kann sich in Verbindung mit einem wachsenden Umweltbewusstsein der immensen Anziehungskraft immer schnellerer, sensitiverer, kleinerer, effizienterer und energiesparenderer

Technologien nicht entziehen. Dieser allgemeine Trend zur Miniaturisierung hat die Forschungsrichtung Faseroptik nicht nur in den letzten Jahrzehnten maßgeblich vorangetrieben und ihr den heutigen Stellenwert zugeteilt, sondern ist und bleibt weiterhin eine treibende Kraft.

Der potentielle Einsatz optischer Technologien in nanoskaligen Dimensionen als Bausteine in zukünftigen optischen Komponenten und Systemen treibt auch die Faseroptik immer weiter an ihre Grenzen. Ausgehend von der klassischen Glasfaseroptik, mit Kerndurchmessern deutlich größer als die Wellenlänge des geführten Lichts, entwickelte sich deshalb im letzten Jahrzehnt das Forschungsgebiet der Nanofasern. Dieses beschäftigt sich mit den speziellen Eigenschaften optischer Fasern mit einem Kerndurchmesser vergleichbar oder kleiner der Wellenlänge des geführten Lichts.

Die Vision der Nanofaseroptik keimte im Jahre 2003 auf, als Limin Tong zusammen mit Wissenschaftlern der Universitäten Harvard und Zhejiang einen faszinierenden Beitrag über verlustarme Wellenleitung in nanoskaligen Quarzglasfäden in Nature veröffentlichte [2]. Seitdem verzeichnet dieses Forschungsgebiet wachsendes Interesse und eine Vielzahl von Beiträgen bezüglich Herstellung, Resonatoren, Interferometrie, Filter, Laser, Sensorik, nichtlinearer Optik und atomarer Optik sind inzwischen in der Literatur zu finden [3].

Im Hinblick auf die Miniaturisierung stellt sich auch bei den Nanofasern sofort die Frage nach den kleinsten sinnvollen Abmessungen, den dabei ausgereizten physikalischen Grenzen und deren Ursachen. Als oberstes Kriterium wird in der Regel die erreichbare Transmission angeführt. Diesbezüglich sind inzwischen eine Vielzahl von Ursachen wie Oberflächenrauigkeit [4–8], lokale Ungleichmäßigkeiten [9–13] und Verunreinigungen [2, 14] identifiziert, welche in Summe die Transmission beeinflussen.

Daneben gibt es noch einen weiteren Aspekt, dessen Nichtbeachtung sich in ungünstigen Fällen negativ auf die Transmission auswirkt, der jedoch in Fasern mit mikroskaligem Kern üblicherweise vorausgesetzt werden kann: eine praktisch relevante Lichtführung. Wahrscheinlich hat die

Selbstverständlichkeit dieses Aspektes in Verbindung mit einer hohen numerischen Apertur dazu geführt, dass ihr im Zusammenhang mit Nanofasern wenig Beachtung geschenkt wurde.

Bezüglich optischer Nanofasern hat sich aber gezeigt, dass deren Transmission permanent unterhalb eines bestimmten Durchmessers schwellwertartig einbricht [15]. Zuvor bezüglich der Transmission angeführte Arbeiten beschäftigen sich maßgeblich mit dem Transmissionsniveau bei Faserdurchmessern kurz vor Erreichen dieses Einbruchs, jedoch kaum mit der Problematik dessen möglicher Ursachen. Dieser abrupte Transmissionseinbruch ist ein starkes Indiz dafür, dass die Führungsfähigkeit der Nanofaser prinzipiell verloren geht.

Dieser Tatsache widmet die Literatur nur unzureichend Aufmerksamkeit. Ansatzpunkte sind lediglich bei M. Sumetsky et al. zu finden [10–13]. Anhand komplexer Berechnungen ließ sich zumindest zeigen, dass dieser Einbruch existiert und auch nicht wesentlich durch Geometrieparameter beeinflusst werden kann. Eine Vielzahl von erforderlichen Annahmen unterbindet jedoch eine vernünftige physikalische Interpretation der ursächlichen Mechanismen auf Basis der abgeleiteten Gleichungen. Neue Erklärungsansätze dieses Phänomens und weitere Untersuchungen sind erforderlich, um zukünftig optische Nanofasern bezüglich ihrer Führungseigenschaften ausreizen zu können. Die vorliegende Arbeit beschäftigt sich unter anderem mit dieser Problematik.

Optische Fasern werden längst nicht mehr nur zur Kommunikation und Informationsverarbeitung verwendet, auch wenn dies die ursprüngliche Motivation der Forschergemeinde war und auch hinsichtlich der Nanofaseroptik vorrangig ist und bleibt. Die Loslösung vom klassischen, massiven Faserdesign hin zu „photonischer Kristall"-Fasern (PKF) im Jahre 1996 durch Philip St. J. Russell und weitere Wissenschaftler der Universität Bath [16] war der entscheidende Schritt für eine andere, ebenfalls noch sehr junge Erfolgsgeschichte: die faserbasierte Superkontinuumsquelle [17–19].

Die Superkontinuumserzeugung (SKE) in optischen Fasern wird bereits seit 1976 intensiv untersucht [20]. Entsprechend gut waren die zugrundeliegenden Mechanismen im Vorfeld der PKF-Entwicklung verstanden und grundlegend neuartige Phänomene hinsichtlich der SKE kamen durch die PKF auch nicht ins Spiel. Sie ermöglichten jedoch erstmals eine exzellente Anpassung der Fasereigenschaften an eine Vielzahl zur Verfügung stehender, leistungsstarker, gepulster Pumplaser, um die zur SKE beitragenden Effekte in vollem Umfang auszureizen und an ihre Grenzen zu treiben. Innerhalb weniger Jahre fand die SKE in PKF vielfältige Anwendungen, darunter die optische Kohärenztomografie, die Spektroskopie und die Erzeugung von Frequenzkämmen, deren Entwicklung bei der Verleihung des Nobelpreises 2005 explizit genannt wurde.

Trotz der breitgestreuten Anwendungsfelder ist die enorme Rauschanfälligkeit, verbunden mit extremen spektralen und zeitlichen Intensitätsschwankungen, auch heute noch ein sehr großes Manko der faserbasierten SKE [21]. Sinnvolle Anwendungen bedürfen stets einer gewissen zeitlichen Mittelung, um stabile und belastbare Aussagen zu liefern. Für zeitaufgelöste Einzelpulsanwendungen wie z. B. der weit verbreiteten transienten Anrege-Abtastspektroskopie oder dem Einsatz in optisch parametrischen Verstärkern kommt diese Form der SKE deshalb kaum in Betracht. Ursache der Rauschanfälligkeit ist eine Vielzahl von nichtlinearen Effekten, wie Solitonenzerfall und Modulationsinstabilität, deren Auftreten untrennbar mit dem anomalen Dispersionsbereich verbunden ist.

Weiterhin ist bekannt, dass eine spektrale Verbreiterung mit einem hohen Maß an Stabilität genau dann auftritt, wenn ausschließlich der normale Dispersionsbereich einer optischen Faser ausgenutzt wird [22]. Bedauerlicherweise sind in Verbindung mit dem normalen Dispersionsbereich hohe absolute Dispersionswerte üblich. Diese lassen nur schmalbandige Spektren zu, welche bezüglich ihrer Breite nicht mit den Spektren konkurrieren können, die im anomalen Dispersionsbereich erzeugbar sind.

Auch optische Nanofasern wurden seit dem aufkeimenden Interesse im Jahre 2003 bereits vielfach bezüglich ihrer Eignung zur SKE untersucht [23–27]. Die Forscher hoben aber in Bezug auf Fasern mit mikroskaligem

Kern nur die vergleichsweise kleinen Modenfelder und die damit verbundenen, hohen Nichtlinearitäten als Vorteil hervor.

Was jedoch nicht ins Blickfeld der Aufmerksamkeit rückte, war die bereits 2004 festgestellte Tatsache, dass man auf Basis nanoskaliger optischer Fasern in der Lage ist, Wellenleiter mit einer chromatischen Dispersion weitab der Materialdispersion zu erzeugen, bei denen keinerlei anomale Dispersion mehr existiert und welche über einen breiten Wellenlängenbereich geringe, normale Dispersionswerte aufweisen [28]. Die Bedeutung dieser außergewöhnlichen Eigenschaft für die faserbasierte SKE blieb weitgehend unerkannt. Bisher bezüglich der SKE untersuchte nanoskalige Fasern waren noch nicht klein genug, um ausschließlich normales Dispersionsverhalten zu gewährleisten.

Auf Basis nanoskaliger optischer Fasern bietet sich somit die einmalige Gelegenheit, sowohl oktavübergreifende als auch zeitlich und spektral extrem stabile Spektren zu erzeugen. Diesem Thema, als Anwendung nanoskaliger optischer Fasern, widmet sich diese Arbeit ebenfalls.

Die vorliegende Arbeit ist wie folgt strukturiert. In Kapitel 2 sind die für das weitere Verständnis erforderlichen Grundlagen zusammengestellt. Kurz und knapp wird zunächst auf die geläufigen Begriffe Wellentheorie und Moden, chromatische Dispersion, nichtlineare Faseroptik und Pulsausbreitung eingegangen. Anschließend wird intensiver der aktuelle Wissensstand zur Thematik Fasertaper dargelegt. Fasertaper sind die Standardgeometrie, in der nanoskalige optische Fasern hergestellt und untersucht werden.

In Rahmen der Arbeit war es erforderlich, eine vorhandene Anlage zur Herstellung von Fasertapern derart umzurüsten und zu optimieren, dass mit ihr Faserdurchmesser im Subwellenlängenbereich herstellbar waren. Die diesbezügliche Problematik ist in Kapitel 3 diskutiert.

Kapitel 4 widmet sich der Thematik des schwellwertartigen Verhaltens zylindersymmetrischer Quarzglasfäden. Neben des in Abschnitt 4.1 betrachteten Führungsverhaltens werden in Abschnitt 4.2 auch weitere spezifische Eigenschaften der Feldverteilung detailliert untersucht.

Das nachfolgende Kapitel 5 beschäftigt sich mit der SKE in normaldispersiven optischen Fasern. Es beginnt mit eingehenden Erläuterungen zur klassischen Weise der SKE und deren Unterschiede zur SKE in normaldispersiven Fasern in Abschnitt 5.1. Anschließend klärt in Abschnitt 5.2 eine Designstudie die bezüglich der Geometrieparameter zu erfüllenden Anforderungen für ausschließlich normales Dispersionsverhalten. Es folgt ein Simulationsabschnitt 5.3, welcher die ablaufenden, nichtlinearen Prozesse im Detail untersucht und die Auswirkungen einer Vielzahl von prozessbeeinflussenden Parametern herausstellt. Experimentelle Arbeiten im Vergleich zu Simulationen sind in den Abschnitten 5.4 und 5.5 zu finden. Die Möglichkeiten der SKE im Ultraviolett werden in Abschnitt 5.6 diskutiert und dabei auf die Schwierigkeiten bei der Herstellung der dafür erforderlichen Geometrien detailliert eingegangen. Ein kurzer Abriss über die Komprimierbarkeit der in normaldispersiven Fasern erzeugbaren Superkontinuumspulse in Abschnitt 5.7 beendet dieses Kapitel. Abschließend wird die Arbeit zusammengefasst und ein Ausblick auf potentielle, weiterführende Arbeiten gegeben.

Teile der vorliegenden Arbeit sind u. a. bereits in [29–33] veröffentlicht.

2 Einführung in optische Fasern

2.1 Wellentheorie und Moden

Die Lichtausbreitung in optischen Fasern wird durch die Wellengleichung

$$\nabla \times \nabla \times \mathbf{E} = -\frac{1}{c^2}\frac{\partial^2 \mathbf{E}}{\partial t^2} - \mu_0 \frac{\partial^2 \mathbf{P}}{\partial t^2}, \qquad (2.1)$$

beschrieben [22]. Hierbei ist $\mathbf{E}$ der elektrische Feldvektor, $\mathbf{P}$ die elektrische Polarisation, c die Lichtgeschwindigkeit und μ_0 die Vakuumpermeabilität.

Unter Vernachlässigung nichtlinearer Effekte ($\tilde{\mathbf{P}} = \varepsilon_0 \chi \tilde{\mathbf{E}}$, ε_0 = Vakuumpermittivität) und unter Verwendung der Definition der dielektrischen Konstante

$$\varepsilon(\omega) = 1 + \chi(\omega) = \left(n(\omega) + \frac{i\alpha(\omega)c}{\omega}\right)^2 \qquad (2.2)$$

bzgl. der Suszeptibilität χ, dem Brechungsindex n und dem Absorptionskoeffizienten α, kann für verlustfreie ($\alpha = 0$) und homogene ($n(\mathbf{r},\omega) = n(\omega)$) Medien die einfachste Form der Wellengleichung (Helmholtzgleichung)

$$\Delta \tilde{\mathbf{E}}(\mathbf{r},\omega) + n^2(\omega)\frac{\omega^2}{c^2}\tilde{\mathbf{E}}(\mathbf{r},\omega) = 0 \qquad (2.3)$$

im Frequenzraum abgeleitet werden. Hierbei ist

$$\tilde{\mathbf{E}}(\mathbf{r},\omega) = \int_{-\infty}^{\infty} \mathbf{E}(\mathbf{r},t) e^{i\omega t} dt \qquad (2.4)$$

die Fouriertransformierte von $\mathbf{E}(\mathbf{r},t)$.

Eine optische Faser kann bei jeder Frequenz ω eine endliche Anzahl an Moden führen, deren räumliche Verteilungen $\tilde{\mathbf{E}}(\mathbf{r},w)$ Lösungen der Wellengleichung 2.3 sind und alle entsprechenden Randbedingungen erfüllen. Für beliebige Fasergeometrien ist es erforderlich, Gleichung 2.3 auf numerischem Wege zu lösen. Dies lässt sich über eine Reihe kommerziell verfügbarer Modensolver bewerkstelligen. In der vorliegenden Arbeit wurde dafür das Softwarepaket COMSOL Multiphysics® verwendet.

Für zylindersymmetrische und stückweise homogene Fasergeometrien existieren jedoch auch analytische Lösungen. Zunächst bietet es sich an, Gleichung 2.3 in Zylinderkoordinaten ρ, φ und z umzuformulieren

$$\frac{\partial^2 \tilde{\mathbf{E}}}{\partial \rho^2} + \frac{1}{\rho}\frac{\partial \tilde{\mathbf{E}}}{\partial \rho} + \frac{1}{\rho^2}\frac{\partial^2 \tilde{\mathbf{E}}}{\partial \varphi^2} + \frac{\partial^2 \tilde{\mathbf{E}}}{\partial z^2} + n^2 k_0^2 \tilde{\mathbf{E}} = 0, \qquad (2.5)$$

wobei $k_0 = \omega/c$ gilt. Einen ähnlichen Zusammenhang gibt es für das magnetische Feld $\tilde{\mathbf{H}}$. Von den sechs Komponenten $\tilde{E}_\rho$, $\tilde{E}_\varphi$, $\tilde{E}_z$, $\tilde{H}_\rho$, $\tilde{H}_\varphi$ und $\tilde{H}_z$ des elektromagnetischen Feldes sind nur zwei voneinander unabhängig. Üblicherweise werden $\tilde{E}_z$ und $\tilde{H}_z$ als unabhängige Komponenten gewählt und alle anderen aus ihnen abgeleitet. Die Lösung der Wellengleichung 2.5 für $\tilde{E}_z$ besitzt die allgemeine Form

$$\tilde{E}_z(\mathbf{r},\omega) = A(\omega)\, F(\rho)\, e^{i\omega t}\, e^{\pm im\varphi}\, e^{i\beta(\omega)z}, \qquad (2.6)$$

wobei $A(\omega)$ eine Normierungsgröße (bei Pulsausbreitung auch Einhüllende genannt), $\beta(\omega)$ die sogenannte Ausbreitungskonstante, $m \in \mathbb{N}$ und $F(\rho)$ die Lösung der Differentialgleichung für Besselfunktionen

$$\frac{d^2 F}{d\rho^2} + \frac{1}{\rho}\frac{dF}{d\rho} + \left(n^2 k_0^2 - \beta^2 - \frac{m^2}{\rho^2}\right)F = 0 \qquad (2.7)$$

ist. Mit den Definitionen $\kappa = (n_1^2 k_0^2 - \beta^2)^{1/2}$ und $\gamma = (\beta^2 - n_2^2 k_0^2)^{1/2}$ ergeben sich für eine Stufenindexfaser (Abb. 2.1) physikalisch sinnvolle Lösungen zu $F(\rho) = J_m(\kappa\rho)$ (Besselfunktion) innerhalb des Faserkerns mit Radius a und Brechzahl n_1 und $F(\rho) = K_m(\gamma\rho)$ (modifizierte Bes-

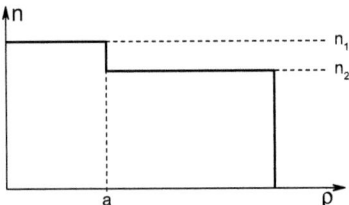

Abb. 2.1: Schematische Darstellung der Brechzahlverteilung einer Stufenindexfaser. Die Brechzahl n_1 des Kerns ($\rho \leq a$) ist größer als die Brechzahl n_2 des Mantels.

selfunktion) außerhalb des Faserkerns mit Brechzahl $n_2 < n_1$. Dieselbe Vorgehensweise führt zu einer Lösung hinsichtlich $\tilde{H}_z$.

Die Kontinuität der Tangentialkomponenten von $\tilde{\mathbf{E}}$ und $\tilde{\mathbf{H}}$ an der Kern-Mantel-Grenzfläche verlangt, dass $\tilde{E}_z$, $\tilde{E}_\varphi$, $\tilde{H}_z$ und $\tilde{H}_\varphi$ bei Annäherung an $\rho = a$ von innerhalb und außerhalb des Kerns identisch sind. Dies führt zu einer Eigenwertgleichung zur Bestimmung der Ausbreitungskonstanten β der Moden der Faser:

$$\left[\frac{J'_m(\kappa a)}{\kappa J_m(\kappa a)} + \frac{K'_m(\gamma a)}{\gamma K_m(\gamma a)}\right]\left[\frac{J'_m(\kappa a)}{\kappa J_m(\kappa a)} + \frac{n_2^2}{n_1^2}\frac{K'_m(\gamma a)}{\gamma K_m(\gamma a)}\right] = \left[\frac{m\beta k_0(n_1^2 - n_2^2)}{an_1\kappa^2\gamma^2}\right]^2. \tag{2.8}$$

Das Zeichen ′ steht für die Ableitung nach dem jeweiligen Argument. Die Eigenwertgleichung 2.8 besitzt in der Regel für jedes m mehrere Lösungen $n \in \mathbb{N}$. Diese Lösungen werden üblicherweise durch β_{mn} ausgedrückt. Jeder Eigenwert β_{mn} gehört zu einer konkreten Mode. Die zugehörige Feldverteilung ist durch Gleichung 2.6 gegeben. Der effektive Modenindex lautet $n_{eff} = \beta/k_0$.

Eine genauere Betrachtung zeigt, dass zwei Typen von Moden existieren, welche mit HE_{mn} und EH_{mn} bezeichnet werden. Für $m = 0$ verschwindet entweder das elektrische oder magnetische Feld. Für $m > 0$ sind alle sechs Feldkomponenten ungleich 0.

Die Anzahl der von einer Stufenindexfaser geführten Moden ist durch ihre konkreten Designparameter a, n_1 und n_2 festgelegt. Ein diesbezüglich wichtiger Parameter ist die normierte Frequenz

$$V = ak_0 \left(n_1^2 - n_2^2\right)^{1/2}. \tag{2.9}$$

Gilt die Beziehung $V \leq V_c \approx 2{,}405$, so führt die Faser nur die Grundmode HE_{11}. Von ihr existieren jedoch zwei, welche zueinander senkrecht stehende Polarisationsrichtungen aufweisen. Die Grenzfrequenz V_c steht für die kleinste Lösung von $J_0(V_c) = 0$. Die Verteilung des elektrischen Feldes der Grundmode, deren Polarisation in x-Richtung verläuft, ist näherungsweise durch

$$\tilde{\mathbf{E}}(\mathbf{r},\omega) = \hat{x}\left[A(\omega)\,F(\rho)\,\mathrm{e}^{i\beta(\omega)z}\right] \tag{2.10}$$

gegeben. Hierbei ist $\hat{x}$ der Polarisationseinheitsvektor. Für die transversalen Anteile gilt näherungsweise

$$F(\rho) = J_0(\kappa\rho), \qquad \rho \leq a \tag{2.11}$$
$$F(\rho) = (a/\rho)^{1/2}\,J_0(\kappa a)\,\mathrm{e}^{-\gamma(\rho-a)}, \qquad \rho > a. \tag{2.12}$$

Da die Verwendung der durch 2.11 und 2.12 festgelegten modalen Verteilung recht unhandlich ist, wird die Grundmode oft durch eine gaußförmige Verteilung

$$F(\rho) \approx \mathrm{e}^{-\rho^2/w^2} \tag{2.13}$$

angenähert. Der Parameter w wird hierbei durch eine entsprechenden Anpassung an die tatsächliche Verteilung 2.11 und 2.12 bestimmt. Bei einer normierten Frequenz um $V \approx 2$ kann w sehr gut durch den Kernradius $a \approx w$ angenähert werden.

2.2 Chromatische Dispersion

Die Frequenzabhängigkeit von $\beta(\omega)$ in 2.6 bzw. 2.10 wird als Dispersion bezeichnet. Sie resultiert sowohl aus der Frequenzabhängigkeit von

n_1 und n_2 als auch aus der Frequenzabhängigkeit von κ und γ. Ersteres wird als Materialdispersion und letzteres als Wellenleiterdispersion bezeichnet. Zusammen bilden sie die chromatische Dispersion einer in einem Wellenleiter propagierenden Mode. Abgesehen davon gibt es noch die Modendispersion und die Polarisationsmodendispersion, welche zum Tragen kommen, wenn man mit unterschiedlichen Moden β_{mn} bzw. mit mehreren Polarisationsrichtungen $\hat{x}$, $\hat{y}$ innerhalb einer Mode konfrontiert wird.

Die chromatische Dispersion spielt in der Ausbreitung kurzer Pulse eine entscheidende Rolle, da sich dadurch unterschiedliche spektrale Komponenten, welche in einem Puls zwangsweise auftreten müssen, mit unterschiedlicher Geschwindigkeit $c/n_{eff}(\omega)$ fortbewegen. Für ein tiefergehendes Verständnis ist es angebracht, die frequenzabhängige Ausbreitungskonstante in einer Taylorreihe um ω_0 zu entwickeln, welche das spektrale Pulszentrum darstellt:

$$\beta(\omega) = \beta_0 + \beta_1(\omega - \omega_0) + \frac{1}{2}\beta_2(\omega - \omega_0)^2 + \dots \quad (2.14)$$

Die Parameter β_1 und β_2 stehen in Zusammenhang mit dem effektiven Brechungsindex n_{eff} über

$$\beta_1 = \frac{1}{v_g} = \frac{n_g}{c} = \frac{1}{c}\left(n_{eff} + \omega\frac{\mathrm{d}n_{eff}}{\mathrm{d}\omega}\right), \quad (2.15)$$

$$\beta_2 = \frac{1}{c}\left(2\frac{\mathrm{d}n_{eff}}{\mathrm{d}\omega} + \omega\frac{\mathrm{d}^2 n_{eff}}{\mathrm{d}\omega^2}\right). \quad (2.16)$$

Hierbei steht v_g für die Gruppengeschwindigkeit und n_g für den Gruppenindex. Aus physikalischer Sicht bewegt sich das Zentrum der Einhüllenden eines Pulses mit der Gruppengeschwindigkeit, während β_2 für die Dispersion der Gruppengeschwindigkeit verantwortlich ist und eine Deformation der Einhüllenden verursacht. Dieses Verhalten wird als Gruppengeschwindigkeitsdispersion (GGD) bezeichnet und β_2 ist der GGD-Parameter. Bezieht man die Dispersion anstatt auf die Frequenz auf die Wellenlänge

$\lambda = c/\omega$, ist für die GGD ein alternativer Parameter, der Dispersionsparameter

$$D = \frac{\mathrm{d}\beta_1}{\mathrm{d}\lambda} = -\frac{2\pi c}{\lambda^2}\beta_2 \approx \frac{\lambda}{c}\frac{\mathrm{d}^2 n_{eff}}{\mathrm{d}\lambda^2} \qquad (2.17)$$

angebracht.

Nichtlineare Effekte in optischen Fasern können abhängig vom Vorzeichen der GGD völlig unterschiedliches Verhalten aufweisen. In Bereichen, in denen $\beta_2 > 0$ bzw. $D < 0$ gilt, spricht man historisch bedingt von normaler Dispersion. Hier bewegen sich höhere Frequenzen langsamer als niedrigere Frequenzen. Das Gegenteil ist in anomalen Dispersionsbereichen der Fall, in denen $\beta_2 < 0$ bzw. $D > 0$ gilt. Die Wellenlänge an der Grenze zwischen diesen beiden Bereichen wird als Nulldispersionswellenlänge (NDW) bezeichnet, da hier $D = 0$ gilt. In reinem Quarzglas liegt diese bei ungefähr 1270 nm.

Das Interessante an der Wellenleiterdispersion ist deren Beeinflussbarkeit durch die Geometrieparameter, wie z. B. Kernradius a und numerische Apertur $\sqrt{n_1^2 - n_2^2}$ im Fall einer Stufenindexfaser. Erfolgt die Brechzahlüberhöhung des Kernbereichs gegenüber dem Fasermantel lediglich durch eine Dotierung des Mantelmaterials, so sind in der Regel nur geringe Werte der numerischen Apertur möglich, welche wiederum nur eine geringe Wellenleiterdispersion verursachen. Demzufolge ist die Lage der NDW bzw. des normalen und anomalen Dispersionsbereichs maßgeblich durch die Materialdispersion festgelegt und kann nur wenig verschoben werden. Hingegen erlauben Brechzahlsprünge von Glas zu Luft an den Grenzen des Faserkerns sehr hohe Werte der Wellenleiterdispersion und eine entsprechend starke Beeinflussung der chromatischen Dispersion. Derartige Brechzahlsprünge lassen sich unter anderem durch „photonischer Kristall"-Fasern sinnvoll realisieren.

2.3 Nichtlineare Faseroptik

Ein intensives elektrisches Feld $\tilde{\mathbf{E}}$ offenbart eine nichtlineare Antwort der Polarisation $\tilde{\mathbf{P}}$ [34, 35], für deren i-te Komponente

$$\tilde{P}_i = \varepsilon_0 \left(\sum_{j=1}^{3} \chi_{ij}^{(1)} \tilde{E}_j + \sum_{j,k=1}^{3} \chi_{ijk}^{(2)} \tilde{E}_j \tilde{E}_k + \sum_{j,k,l=1}^{3} \chi_{ijkl}^{(3)} \tilde{E}_j \tilde{E}_k \tilde{E}_l + \ldots \right) \quad (2.18)$$

gilt. Hierbei ist $\chi^{(j)}$ ($j = 1, 2, \ldots$) die j-te Ordnung der Suszeptibilität. Die lineare Suszeptibilität $\chi^{(1)}$ stellt stets den stärksten Beitrag zu $\tilde{\mathbf{P}}$. Diesbezügliche Effekte sind durch die Brechzahl n und den Absorptionskoeffizienten α berücksichtigt. Die Suszeptibilität zweiter Ordnung $\chi^{(2)}$ ist für nichtlineare Effekte wie z.B. die Erzeugung der zweiten Harmonischen oder von Summenfrequenzen verantwortlich. In Materialien mit einer Inversionssymmetrie auf molekularem Level, wie z. B. Quarzglas, verschwindet $\chi^{(2)}$ jedoch, sodass diese Effekte hier in der Regel nicht auftreten. In optischen Fasern wird man deshalb zunächst mit nichtlinearen Effekten dritter Ordnung konfrontiert. Hierzu gehört u. a. die Erzeugung der dritten Harmonischen, Vierwellenmischung (VWM) und nichtlineare Brechung. Letzteres tritt wiederum vorrangig auf, da diesbezüglich keine speziellen Vorkehrungen hinsichtlich einer Phasenanpassung verschiedener Frequenzkomponenten erforderlich sind. Die nichtlineare Brechung wird durch die Intensitätsabhängigkeit der Brechzahl hervorgerufen:

$$\tilde{n}(\omega, |S|) = n(\omega) + n_2 |S|, \quad (2.19)$$

wobei $n(\omega)$ den linearen Anteil bildet, $|S|$ für die optische Intensität steht und n_2 als nichtlinearer Brechungsindex bezeichnet wird. Eines der bedeutendsten Phänomene der Intensitätsabhängigkeit des Brechungsindex ist die sogenannte Selbstphasenmodulation (SPM) [36]. Hierbei kommt es zu einer selbstinduzierten Phasenänderung eines optischen Feldes während der Ausbreitung. Dies führt unter anderem zur spektralen Verbreiterung ultrakurzer Pulse und zur Bildung optischer Solitonen im anomalen Dispersionsbereich.

Die durch die Suszeptibilität dritter Ordnung geregelten Effekte sind in dem Sinne elastische Effekte, dass kein Energieaustausch mit dem Glasmaterial stattfindet. Eine andere Gruppe nichtlinearer Effekte sind stimulierte unelastische Effekte, bei denen ein Teil der Energie des optischen Feldes an die optischen und akustischen Phononen des nichtlinearen Materials übertragen wird. Bei Ersterem spricht man von stimulierter Ramanstreuung (SRS) [37] und bei Letzterem von stimulierter Brillouinstreuung (SBS) [38]. Da SBS in Bezug auf die Ausbreitungsrichtung einer optischen Welle lediglich rückwärts gerichtet stattfindet, ist sie bei der (vorwärtsgerichteten) nichtlinearen Ausbreitung einzelner Pulse in optischen Fasern gegenüber der SRS vernachlässigbar.

2.4 Pulsausbreitung

Reduziert man die nichtlineare Polarisation $\mathbf{P}^{NL}$ auf instantane Beiträge dritter Ordnung:

$$P_i^{NL}(\mathbf{r},t) = \varepsilon_0 \sum_{j,k,l=1}^{3} \chi_{ijkl}^{(3)} E_j(\mathbf{r},t) E_k(\mathbf{r},t) E_l(\mathbf{r},t), \tag{2.20}$$

so lässt sich ausgehend von der Wellengleichung 2.1 eine Propagationsgleichung für die Einhüllende $A(z,T)$ eines Pulses ableiteten [22]:

$$\frac{\partial A}{\partial z} = -\frac{\alpha}{2} A - i \frac{\beta_2}{2} \frac{\partial^2 A}{\partial T^2} + i\gamma A^2 A. \tag{2.21}$$

Hierbei ist

$$\gamma = \frac{n_2 \omega_0}{c A_{eff}} \tag{2.22}$$

der durch den nichtlinearen Brechungsindex n_2 und die effektive Modenfläche A_{eff} definierte nichtlineare Parameter (NLP) und

$$T = t - \frac{z}{v_g(\omega_0)} \tag{2.23}$$

ein sich mit dem bei ω_0 befindlichen Pulszentrum mitbewegendes Zeitfenster. Gleichung 2.21 berücksichtigt Propagationsverluste durch α, Dispersionseffekte durch β_2 und nichtlineare Effekte durch γ. Für den Spezialfall $\alpha = 0$ gleicht sie der Schrödingergleichung mit einem nichtlinearen Potential, weshalb sie auch als nichtlineare Schrödingergleichung bezeichnet wird.

Zur Beschreibung der Pulsausbreitung im fs-Bereich und zur Berücksichtigung nichtlinearer Effekte höherer Ordnung ist eine erweiterte Variante von Gleichung 2.21, die verallgemeinerte nichtlinearen Schrödingergleichung (VNLSG)

$$\frac{\partial A}{\partial z} = -\frac{\alpha}{2}A + \sum_{k\geq 2}\frac{i^{k+1}}{k!}\beta_k\frac{\partial^k A}{\partial T^k} + i\gamma\left(1 + \frac{i}{\omega_0}\frac{\partial}{\partial T}\right) \cdot$$
$$\cdot \left(A(z,T) + \int_{-\infty}^{\infty} R(T')A^2(z,T-T')\,\mathrm{d}T'\right) \quad (2.24)$$

erforderlich. Neben Dispersionseffekten beliebiger Ordnung β_k ist nun auch ein nicht instantaner Energieverlust über SRS durch $R(T')$ berücksichtigt.

Gleichung 2.24 ist der aktuelle Standard zur Beschreibung der Ausbreitung ultrakurzer Pulse in einmodigen optischen Fasern. Sie behält ihre Gültigkeit auch dann, wenn schnelle Änderungen der Pulseinhüllenden vorliegen, vorausgesetzt, dass Dispersionsterme hinreichend hoher Ordnung mit einbezogen werden. Die maßgebliche Voraussetzung ist lediglich, dass unidirektionale Ausbreitung stattfindet und jeglicher Einfluss rückwärtsgerichteter Wellen vernachlässigt werden kann. Weiterhin wurde für die Herleitung ein skalares Feldverhalten vorausgesetzt, sodass Polarisationseffekte ebenfalls nicht berücksichtigt sind.

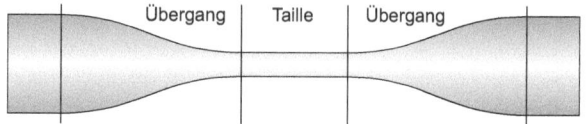

Abb. 2.2: Geometrie eines Fasertapers.

2.5 Fasertaper

Unter einem optischen Fasertaper wird in der vorliegenden Arbeit eine verjüngte Stelle einer optischen Faser verstanden, wie sie exemplarisch in Abbildung 2.2 dargestellt ist. Sie besteht aus einer Tapertaille konstanten Durchmessers, an welche beidseitig die Taperübergänge angrenzen. Die Tapertaille stellt eine verkleinerte Version der Ausgangsfaser dar, die im Idealfall im Querschnitt identische Geometrieverhältnisse bei kleineren Absolutwerten aufweist.

Der Begriff Fasertaper wird in der Literatur mehrdeutig verwendet. Neben der hier verwendeten Bedeutung wird oft auch in Anlehnung an die übersetzte, wörtliche Bedeutung Taper = Kegel lediglich ein Faserabschnitt mit sich änderndem Durchmesser als Taper bezeichnet. Auch wird hin und wieder von Taper gesprochen, wenn die betrachtete Faser über einen Taperprozess hergestellt wurde, obwohl nur die Eigenschaften des homogenen, verkleinerten Faserabschnitts im Fokus stehen. Um diesbezüglich Irritationen auszuschließen, wird hier explizit zwischen Taperübergang und Tapertaille unterschieden und Taper als übergeordneter Begriff der Gesamtstruktur verwendet.

2.5.1 Adiabatizität

Dieser Abschnitt stellt das Adiabatizitätskriterium für Fasertaper vor, welches erstmals von Love et al. eingeführt wurde [39]. Dessen Einhaltung ist erforderlich, wenn Verluste in Bezug auf die geführte Leistung in der Grundmode während der Ausbreitung entlang eines Taperübergangs vernachlässigbar sein sollen. Es wurde z. B. von Jung et al. erfolgreich für die Erklärung effizienter Modenfilter auf Basis von Fasertapern angewandt [40], welche lediglich für die Grundmode adiabatisches Verhalten zeigen und für Moden höherer Ordnung nicht adiabatisch sind.

Ein Fasertaper in einer einmodigen Standardfaser führt in der Regel aufgrund der Abweichungen von der Translationsinvarianz zu Leistungsverlusten in der Grundmode. Bei ihrer Ausbreitung entlang des Taperübergangs ist die Mode nicht in der Lage, sich schnell genug den sich ändernden lokalen Bedingungen anzupassen, welche durch den lokalen Querschnitt bestimmt sind. Dabei erwartet man eine bessere lokale Anpassung und somit sinkende Verluste mit flacher werdendem Taperübergang, sodass beliebig kleine Verluste mit beliebig langen Übergängen realisiert werden können. Aus praktischer Sicht besteht Interesse, den Übergang jedoch nicht länger als nötig zu gestalten. Eine minimale Länge, bei der keine signifikanten Verluste auftreten, und die dafür erforderliche Form des Taperübergangs kann über das Adiabatizitätskriterium abgeschätzt werden.

Auf Basis der Modentheorie kann lokal eine obere Grenze für den maximal zulässigen Taperwinkel angegeben werden, welcher adiabatisches Verhalten sichert. Zwei unterschiedliche Verfahren wurden von Love et al. hierzu vorgestellt. Ein Verfahren basiert auf dem lokalen Vergleich zwischen Taperlänge und Kopplungslänge, stellt aber keine qualitativen Verlustwerte zur Verfügung. Ein zweites Verfahren legt den Grenzwinkel anhand des Leistungsanteiles fest, welcher aus der Grundmode in höhere Moden übergeht. Die Durchführung des ersten Verfahrens erfordert keine Kenntnis über die genauen Feldverteilungen sondern lediglich über die Ausbreitungskonstanten. Dafür ist es weniger präzise als das zweite Verfahren. Ein detaillierter Vergleich beider Methoden zeigt, dass die letztere und genauere Methode unter Einbeziehung der exakten Feldverteilungen etwas geringere Anforderungen stellt und somit steilere Taperwinkel duldet, als die einfacher zugängliche, erstere Methode [39, 41]. Garantiert man die Einhaltung der Grenzen der ersten Methode sind damit auch die Grenzen der zweiten Methode bewahrt. Nachfolgende Betrachtungen

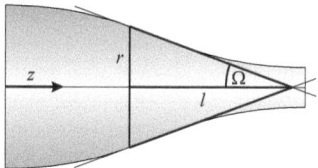

Abb. 2.3: Größen zur Beschreibung eines Taperübergangs. Die Geometrie ist lokal durch die Taperlänge l, den Faserradius r und den Taperwinkel Ω festgelegt.

beschränken sich deshalb auf die erste Methode.

Die Herleitung zur ersten Methode beruht auf der Annahme, dass für einen insgesamt geringen Leistungstransfer an jeder Position z entlang des Taperübergangs die Taperlänge deutlich größer als die Kopplungslänge zwischen der Grundmode und der konkurrierenden Kopplungsmode sein muss. Bei der konkurrierenden Kopplungsmode handelt es sich je nach Problemstellung z. B. um die nächsthöhere Mode im Kern oder eine höhere Mode im Mantel der Faser.

Die Taperlänge $l(z)$ ist lokal definiert als die Höhe eines Kreiskegels, dessen Basis dem Faserquerschnitt mit Radius $r(z)$ und dessen Öffnungswinkel dem Taperwinkel $\Omega(z) = \arctan(dr/dz)$ entspricht (Abb. 2.3). Der Zusammenhang zwischen diesen Größen ist durch

$$\tan \Omega = \frac{r}{l} \tag{2.25}$$

gegeben, was für kleine Winkel $\Omega \ll 1$ in $\Omega = \frac{r}{l}$ resultiert. Die Kopplungslänge zwischen den beteiligten Moden wird identisch zur Schwebungslänge

$$b = \frac{2\pi}{(\beta_1 - \beta_2)}. \tag{2.26}$$

angesetzt, wobei $\beta_1 = \beta_1(z)$ und $\beta_2 = \beta_2(z)$ die ortsabhängigen Ausbreitungskonstanten der Moden sind. Sie ergeben sich durch Lösen der Eigenwertgleichung 2.8 bezüglich einer unendlich ausgedehnten zylindersymmetrischen Geometrie mit einem Querschnitt identisch zum lokalen Taperquerschnitt.

Solange entlang der Faser $l \gg b$ gilt, sind Kopplung und Verluste vernachlässigbar und die Grundmode kann sich adiabatisch ausbreiten. Wenn im Gegensatz dazu $b \gg l$ gilt, findet signifikante Kopplung zu höheren Moden statt. Deshalb bietet $l \approx b$ eine ungefähre Abgrenzung zwischen verlustfreien und verlustbehafteten Durchmesservariationen. Ein entsprechender Vergleich von Gleichung 2.25 und 2.26 führt zum Adiabatizitätskriterium

$$\frac{\mathrm{d}r}{\mathrm{d}z} \leq \frac{r(\beta_1 - \beta_2)}{2\pi}. \quad (2.27)$$

Ungleichung 2.27 kann durch Einführung eines Faktors f, welcher das Verhältnis der beiden Seiten festlegt, in eine Differentialgleichung umgewandelt werden. Durch Integration dieser Differentialgleichung gelangt man zur inversen Form des Taperübergangs

$$z(r) = -\frac{2\pi}{f} \int_{r_0}^{r} \frac{\mathrm{d}r'}{r'\left[\beta_1(r') - \beta_2(r')\right]}. \quad (2.28)$$

Nachfolgend gilt stets $f = 1$.

Bei rotationssymmetrischen Fasertapern kann die lokale Grundmode HE_{11} nur in höhere Mantelmoden mit identischer azimutaler Symmetrie HE_{1n} koppeln. Unter Minimierungsaspekten hinsichtlich der Verluste ist zu erwarten, dass ein Energietransfer maßgeblich zur nächstgelegenen Mode HE_{12} stattfindet. Für Fasertaper mit gestörter Rotationssymmetrie erfolgt die Kopplung maßgeblich zur nächsthöheren bzw. zweiten Mode TM_{01}.

Anwendung von Gleichung 2.28 auf eine einmodige Standardfaser ($r = 62{,}5\,\mu\mathrm{m}$, $r_{Kern} = 4{,}1\,\mu\mathrm{m}$, $\Delta n = 5{,}3 \cdot 10^{-3}$, $\lambda = 1550\,\mathrm{nm}$) führt zu den in Abbildung 2.4 gezeigten, kürzestmöglichen, adiabatischen Taperübergängen $r(z)$. Zu Beginn sind modenunabhängig sehr steile Radiusänderungen möglich. Dies wird durch den großen Modenabstand hervorgerufen, da sich lediglich die Grundmode im Faserkern befindet und alle höheren Moden mit näherungsweise identischem Index im Mantel geführt werden. Bei einem Faserradius um $30\,\mu\mathrm{m}$ verliert der zu klein gewordene Kern sei-

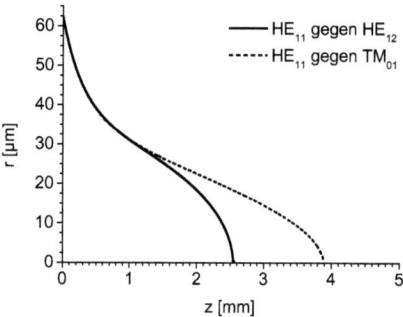

Abb. 2.4: Kürzestmögliche, adiabatische Taperübergänge einer Standardfaser zur Vermeidung von Kopplungsverlusten.

ne Führungseigenschaften und die Grundmode wird ebenfalls im Fasermantel geführt. Der daraus resultierende, geringere Abstand zu höheren Moden erfordert deutlich flachere Taperübergänge, wie in Abbildung 2.4 ebenfalls ersichtlich ist. Anschließend vergrößert sich der Modenabstand wieder, da die höheren Moden zunehmend stärker von der Umgebungsluft außerhalb des Fasermantels beeinflusst werden als die Grundmode. Hier wird die Wahl der Kopplungsmode deutlich. Für die näher liegende Mode TM_{01} ist ein merklich flacherer und längerer Übergang zur Einhaltung der Adiabatizität erforderlich. Mit Annäherung an die Grenzfrequenz der höheren Moden werden abermals große Modenabstände erreicht und sind steile Radiusänderungen möglich. Auf die anschließend folgende, potentielle Kopplung der Grundmode mit Strahlungsmoden außerhalb der Faser wird in Abschnitt 4.1 zur Lichtführung in nanoskaligen Fasern detailliert eingegangen.

2.5.2 Formgebung

Ein Verfahren zur gezielten experimentellen Umsetzung dieses und jedes beliebig anderen, monoton fallenden Taperübergangs wurde kurze Zeit nach den eben aufgeführten Überlegungen zur Adiabatizität von Birks

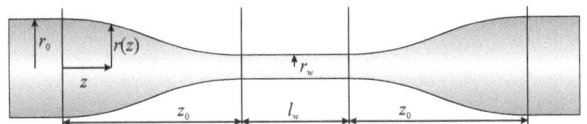

Abb. 2.5: Festlegung der zur Beschreibung der Formgebung erforderlichen Größen.

und Li vorgestellt [42]. Es umgeht die komplizierte Problematik der Fluiddynamik, welche auftritt, wenn die Auswirkungen konkreter Temperaturprofile einzelner Wärmequellen auf die Endform der Taperübergänge berücksichtigt werden müssen. Dies ist durch ein vereinfachtes Modell möglich, indem eine variable Länge der Faser auf eine *einheitliche* Temperatur erhitzt wird. Der Einfluss der Viskosität braucht deshalb nicht berücksichtigt werden. Die erhaltenen Ergebnisse sind so umfassend und vielseitig, dass sich eigens angepasste Herstellungsverfahren zumindest in der Forschung durchgesetzt haben. Ähnliche Modelle bezüglich eines homogen erwärmten Faserabschnitts, im folgenden Heizzone genannt, mit ausschließlich konstanter Länge wurden vorher bereits von Dewynne [43] bzw. Eisenmann et al. [44] aufgestellt. Übereinstimmend sagen sie exponentiell verlaufende Übergänge voraus.

Die Überlegungen von Birks und Li werden im Folgenden verkürzt vorgestellt. Sie resultieren sowohl in einem Ausdruck für die Taperform, bestimmt durch den Verlauf der Länge der Heizzone während des Herstellungsprozesses, als auch dem inversen Problem, bei dem ausgehend von der gewünschten Taperform auf den dafür notwendigen Verlauf der Heizzonenlänge geschlossen werden kann.

Abbildung 2.5 zeigt die Größen, welche zur Beschreibung des modellhaften Ziehprozesses und der damit verbundenen Taperform Verwendung finden. Dabei wird eine symmetrische Verformung des Tapers angenommen. Die ist möglich, in dem z. B. beide Enden der Faser mit gleicher Geschwindigkeit auseinander gezogen werden. Der Radius der ungetaperten Faser ist r_0. Die Tapertaille besitzt eine Länge l_w und einen Radius r_w. Jeder Taperübergang hat eine Länge z_0 und einen ortsabhängigen Radius $r(z)$. Der Ursprung von z ist jeweils am großen Ende des Taper-

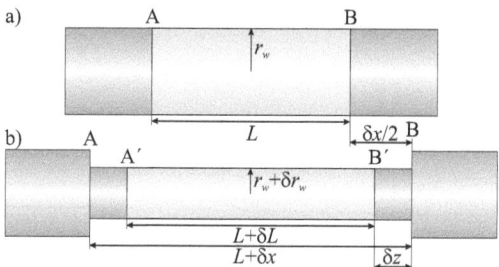

Abb. 2.6: Schematische Darstellung eines infinitesimalen Taperziehschritts. a) Zum Zeitpunkt t ist ein Abschnitt AB der Länge L homogen erhitzt. b) Zum Zeitpunkt $t + \delta t$ wurde dessen Länge um δx gestreckt. Die Länge der Heizzone hat sich auf $L + \delta L$ geändert. Es haben sich Übergänge der Länge δz gebildet.

übergangs. Somit gilt $r(0) = r_0$ und $r(z_0) = r_w$. Sämtliche dieser Größen können sowohl auf den fertigen Taper als auch auf die augenblicklichen Stadien währendes des Ziehens des Tapers angewendet werden.

Abbildung 2.6 illustriert die Vorgänge und deren Nomenklatur während eines Zeitintervalls δt. Zum Zeitpunkt t ist eine Länge L der Faser homogen erwärmt und verformbar. Außerhalb der Heizzone ist das Material kalt und fest. Die Enden A und B der Heizzone werden kontinuierlich auseinandergezogen, sodass zum Zeitpunkt $t+\delta t$ ein verjüngter Abschnitt AB der Länge $L + \delta x$ entstanden ist. Hierbei entspricht δx der längenmäßigen Erweiterung des Tapers im Zeitintervall δt. Die Länge der Heizzone wechselt in dieser Zeit zu $L + \delta L$, wobei für δL sowohl positive als auch negative Werte erlaubt sind. Die Bereiche AA′ und B′B der Länge δz verlassen die Heizzone, werden fest und bilden neue Teile der Übergänge.

Aufgrund der Volumenerhaltung gilt

$$\pi \left(r_w + \delta r_w \right)^2 (L + \delta x) = \pi r_w^2 L. \qquad (2.29)$$

Im Grenzfall $\delta t \to 0$ führt dies zu einer Differentialgleichung

$$\frac{dr_w}{dx} = -\frac{r_w}{2L(x)}. \qquad (2.30)$$

Weiterhin gilt das „Abstandsgesetz"

$$x + L_0 = 2z(x) + L(x), \qquad (2.31)$$

welches die seit Prozessbeginn akkumulierte, längenmäßige Erweiterung x des gesamten Tapers und die anfängliche Heizzonenlänge L_0 mit der temporären Übergangslänge $z(x)$ und der temporären Heizzonenlänge $L(x)$ verknüpft.

Aus mathematischer Sicht ist der Zusammenhang zwischen der Taperform und den Ziehbedingungen vollständig durch die Gleichungen 2.30 und 2.31 gegeben. Je nach Situation kann nun entweder von den angewandten Ziehbedingungen auf die Taperform (Vorwärtsproblem) oder von der gewünschten Taperform auf die erforderlichen Ziehbedingungen (Rückwärtsproblem) geschlossen werden.

Vorwärtsproblem

Bei gegebenem $L(x)$ und r_0 ergibt sich durch Integration von 2.30 der aktuelle Taillenradius zu

$$r_w(x) = r_0 \exp\left[-\frac{1}{2}\int_0^x \frac{dx'}{L(x')}\right]. \qquad (2.32)$$

In Verbindung mit dem nach $x(z)$ umgestellten Abstandsgesetz 2.31 kann so auf die Taperform $r(z) = r_w(x(z))$ geschlossen werden. Unter der Annahme einer konstanten Heizzonenlänge $L(x) = L_0$ führt Gleichung 2.32 zu einem exponentiell verlaufenden Taperprofil

$$r(z) = r_0\, e^{-z/L_0}. \qquad (2.33)$$

Mit einer Heizzonenlänge $L(x) = L_0 + \alpha x$, welche linear mit der gezogenen Länge x des Tapers verknüpft ist, ergibt sich das Taperprofil zu

$$r(z) = r_0\left[1 + \frac{2\alpha z}{(1-\alpha)L_0}\right]^{-1/2\alpha}. \qquad (2.34)$$

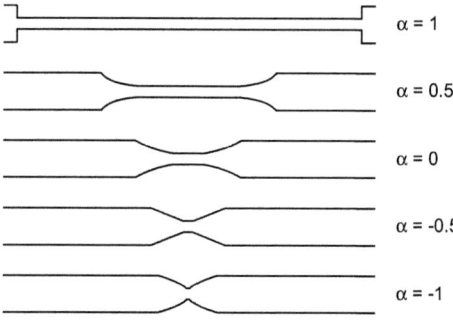

Abb. 2.7: Berechnete Taperformen nach Gleichung 2.34 für verschiedene Werte von α. Für $\alpha = 0$ ergibt sich eine exponentielle und für $\alpha = -0{,}5$ eine lineare Form für die Übergänge. Für $\alpha \to 1$ wird die Länge der Übergänge beliebig klein.

Abbildung 2.7 zeigt berechnete Taperformen für verschiedene Werte von α bei gleichen Ausgangsparametern L_0 und r_0 und gleichem Taillenradius r_w. Abhängig von α ändern sich Übergangsform und Taillenlänge entscheidend. Insbesondere ist es auf diese Weise nicht möglich, die Taillenlänge zu variieren und die Übergangslänge beizubehalten. Zur Erhaltung identischer Übergangsformen bei unterschiedlichen Taillenlängen sind kompliziertere $L(x)$-Zusammenhänge notwendig, welche durch das Rückwärtsproblem adressiert werden.

Rückwärtsproblem

Die Lösung dieses Problems bei gegebenem $r(z)$, l_w, r_w und z_0 ergibt sich zu

$$L(z) = \frac{r_w^2}{r^2(z)} l_w + \frac{2}{r^2(z)} \int_z^{z_0} r^2(z') dz'. \qquad (2.35)$$

Dabei ist $L(z)$ die Länge der Heizzone, wenn Punkt z des Übergangs eben diese verlässt. In Verbindung mit dem nach $z(x)$ umgestellten Abstandsgesetz 2.31 folgt das für den Ziehprozess erforderliche $L(x)$. Eine Anwendung des Rückwärtsproblems findet sich in Abschnitt 5.6.

2.5.3 Herstellung

In der Literatur finden sich verschiedene Vorgehensweisen zur Herstellung mikroskaliger Fasertaper, wie z. B. eine verfahrbare Gasflamme [2, 15, 27, 42, 45], ein elektrischer Streifenheizer [46], ein Produktionssystem für Faserkoppler [47] und die CO_2-Heizmethode [29, 48].

Alle aufgelisteten Verfahren verfolgen die gleiche Strategie zur Umsetzung des in Abschnitt 2.5.2 vorgestellten Modells zur Formgebung. Eine Wärmequelle erhitzt gleichmäßig eine festgelegte Strecke der Ausgangsfaser, während zeitgleich eine axiale Zugspannung die Faser auseinanderzieht und somit den Durchmesser im erhitzten und erweichten Gebiet verringert (Abb. 2.6). Zur Erzeugung einer Tapertaille konstanten Durchmessers ist vor allem auf eine gleichmäßige Temperatur innerhalb der Heizzone zu achten, da sich ansonsten nur der heißeste und weichste Abschnitt verjüngt. Im Prinzip weist jedoch jede Wärmequelle in ihrem Zentrum einen Maximalwert der Temperatur auf, welche zu den Rändern hin abfällt und somit die Ausbildung einer Taille konstanten Durchmessers verhindert. Deshalb greift man notgedrungen auf eine verfahrbare Wärmequelle zurück, welche mehrfach die Taille abfährt, während die Faser mit konstanter Geschwindigkeit auseinandergezogen wird. Zu einem festen Zeitpunkt des Prozesses wird somit immer nur ein bestimmter Teil der Taille verjüngt. Im zeitlichen Mittel wird jedoch jeder Punkt auf die gleiche Temperatur erwärmt bzw. um das gleich Maß ausgezogen, sodass eine Taille konstanten Durchmessers entsteht [42]. Der Unterschied zwischen den oben aufgelisteten Verfahren besteht lediglich in der Wahl der verwendeten Wärmequelle.

Die zur Verfügung stehende Taperanlage nutzt einen CO_2-Laser (10,6 µm Wellenlänge) zur Erwärmung der Faser, welcher zur Unterbindung nicht rotationssymmetrischer Taperprofile von zwei gegenüberliegenden Seiten auf die Faser fokussiert wird. Jeder Einzelstrahl wird über ein rechnergesteuertes Spiegelsystem auf die Faser gelenkt und auf diese Weise der Strahlfokus entlang der Faserachse bewegt. Zeitgleich ziehen zwei Linearversteller die Faser auseinander. Die Transmission des Tapers wird während des laufenden Ziehprozesses beobachtet und dient unter anderem zur manuellen Korrektur der Prozessparameter.

Bei der Justage ist auf eine hohe Genauigkeit zu achten. Die Foki der beiden Strahlen müssen perfekt überlappen und die Faser radial genau mittig treffen. Ansonsten erfolgt eine radial und lateral asymmetrische Erwärmung der Faser, verbunden mit einer asymmetrischen Taperform und sich deutlich verschlechternden Transmissionseigenschaften der gesamten Taperstruktur.

Die Faserhalterungen auf beiden Linearverstellern müssen exakt kollinear ausgerichtet werden, um ein Ausziehen der Faser entlang ihrer Achse zu garantieren. Weiterhin darf die Faser zu Prozessbeginn nicht unter Zugspannung stehen oder verdrillt sein. Jede Vorspannung entspannt sich beim ersten Erwärmen und führt im Extremfall zum sofortigen Verlust jeglicher Transmission. Hier hilft nur Fingerspitzengefühl.

Der aktuelle Taillendurchmesser wird mit einer Kamera vermessen und dient zur Steuerung der Leistung des CO_2-Lasers. Die erforderliche Leistung ist abhängig vom Durchmesser der zu erhitzenden Faser [49]. Ausgehend von circa 0,8 W pro Strahl zu Ziehbeginn für eine Standardfaser wächst die erforderliche Leistung mit fallendem Taillendurchmesser stets an. Mit den maximal zur Verfügung stehenden 30 W sind Durchmesser um 5 µm erreichbar.

Im nachfolgenden Abschnitt 3 wird auf die zur Herstellung nanoskaliger Fasertaper über den aktuellen Stand hinausgehenden Anforderungen und deren Umsetzung eingegangen.

3 Herstellung nanoskaliger optischer Fasern

3.1 Einordnung nanoskaliger Fasergeometrien

Ausgehend vom ursprünglichen Verständnis bezüglich der Nanofasergeometrie sind inzwischen weitere abgewandelte Formen meist aus praktischen Gründen in den Fokus der Forschung gelangt. Die Vielzahl aktuell untersuchter Geometrien nanoskaliger optischer Fasern kann grob in zwei Gruppen eingeteilt werden.

Eine Gruppe besteht aus einfachen, zylindersymmetrischen Quarzglasfäden. Nur der Kern einer solchen Faser besteht aus festem Material. Der Fasermantel, gegen den die Führung erfolgt, wird üblicherweise durch die Umgebungsluft gebildet. Zur eindeutigen Unterscheidung gegenüber der zweiten Gruppe werden diese Strukturen im Rahmen der vorliegenden Arbeit als *freitragende* Nanofasern bezeichnet.

Ein Vorteil dieser freitragenden Nanofasern ist deren gute radiale Zugänglichkeit für externe Untersuchungsmethoden. Auch eine evaneszente Ankopplung an benachbarte freitragende Nanofasern lässt sich leicht realisieren. Diese Freiheit macht sie jedoch anfällig für Verunreinigungen. Insbesondere die Verschmutzung durch Staubpartikel hat aufgrund der beachtlichen evaneszenten Felder starke Auswirkung auf die Transmissionseigenschaften. Nachteilig ist außerdem, dass sie zur Erhaltung der gewünschten Führungseigenschaften nicht aufgelegt werden dürfen.

Weiterhin führt in der Regel jegliche mechanische Beanspruchung zum Zerreißen dieser Nanofasern.

Alternativ dazu kann auf *integrierte* Nanofasern zurückgegriffen werden. Bei dieser Gruppe befindet sich ein nanoskaliger Führungskern im Zentrum einer Faser ansonsten konventioneller Größe. Der Fasermantel besteht jedoch nicht komplett aus festem Material, wie es bei Standardfasern üblich ist, sondern weist einen sehr hohen Luftanteil auf. Derartige Fasern werden unabhängig von ihrer Kerngröße auch als mikrostrukturierte Fasern bezeichnet. Der hohe Luftanteil im Mantel sorgt im Endeffekt für eine vergleichbare numerische Apertur wie bei einer freitragenden Nanofaser und sichert eine ausreichende Lichtführung auch bei entsprechend kleinen Kerndimensionen.

Die Strukturierung des Mantels findet im Rahmen der Arbeit auf zweierlei Art und Weise statt. In sogenannten „aufgehängter Kern"-Fasern (AKF) läuft ein einzelner Ring aus großen Luftlöchern um den Kern, welcher über lange dünne Stege mit dem massiven, äußeren Mantelbereich verbunden ist. In „photonischer Kristall"-Fasern (PKF) sind eine Vielzahl kleinerer Luftlöcher flächendeckend periodisch auf einem hexagonalen Gitter angeordnet. Der Faserkern befindet sich somit im Zentrum einer netzartigen Struktur. Im Vergleich zu freitragenden Nanofasern erleichtern die integrierten Varianten die Handhabung aufgrund erhöhter mechanischer Stabilität und einer inhärenten Abschirmung vor Umwelteinflüssen. Im Gegensatz dazu erschwert der massive Mantel externe Untersuchungen der Nanofasereigenschaften und z. B. das Umspülen des Kernes mit verschiedenen Analyten, wovon in der Sensorik häufig Gebrauch gemacht wird. Diese zusätzliche Hürde nimmt man zum Wohl der Lebensdauer jedoch gerne in Kauf, was daran zu erkennen ist, dass sich in der Literatur hochsensitive Evaneszentfeldsensorik maßgeblich auf AKF mit nanoskaligem Kern stützt [50–53].

Die Existenz der Lochstruktur hat einen merklichen Einfluss auf die Wellenleitereigenschaften, sodass freitragende und integrierte Nanofasern auch aus dieser Sicht nicht in Konkurrenz zueinander stehen, sondern sich vielmehr gegenseitig ergänzen und Nanofasern unterschiedlicher Eigenschaften liefern.

3.2 Freitragende Nanofasern

Freitragende Nanofasern werden in der Regel über den in Abschnitt 2.5.3 beschriebenen Fasertaperprozess erzeugt, wobei in der Literatur überwiegend eine Gasflamme [2, 15, 27], aber auch ein CO_2-Laser [29, 48] als Wärmequelle verwendet wird.

Abseits dieser formgebenden Taperverfahren ist noch eine weitere Technik bekannt, bei der eine wenige Mikrometer im Durchmesser messende Glasfaser um die Spitze eines heißen Saphirstabs gewickelt wird, welche sich in einer Gasflamme befindet. Zieht man nun an der Glasfaser, dann verjüngt sich diese. Auf diese Weise sind Nanofasern mit einem Durchmesser von 20 nm hergestellt worden. Die entstehende Geometrie ist jedoch nicht vorhersag- bzw. kontrollierbar [54].

Unter Verwendung einer Gasflamme als Wärmequelle ist in erster Linie auf die verringerte mechanische Stabilität nanoskaliger Fasern im Vergleich zu mikroskaligen Fasern Rücksicht zu nehmen. Ein laminarer und gleichmäßiger Gasfluss ist zwingend erforderlich. Weiterhin nehmen die negativen Auswirkungen von durch die Flamme antransportierten und in die Oberfläche eingebauten Verunreinigungen mit fallendem Faserdurchmesser zu, sodass verstärkt auf die Reinheit der verwendeten Ausgangsgase zu achten ist.

Bezug nehmend auf die gegebene Taperanlage liegt die Hauptproblematik darin, dass die Arbeitswellenlänge des CO_2-Lasers von 10,6 µm aufgrund praktisch verschwindender Absorption nicht zum Aufheizen von Quarzglasfäden unterhalb eines Durchmessers von ≈ 5 µm geeignet ist [49]. Es bestand somit die Notwendigkeit, die Energie des Laserstrahls außerhalb der Faser in Wärme umzuwandeln. Deshalb wurde der vorhandene Taperplatz um eine indirekte Heizmethode erweitert, welche in Abbildung 3.1 schematisch dargestellt ist. Anstelle der Faser wird nun

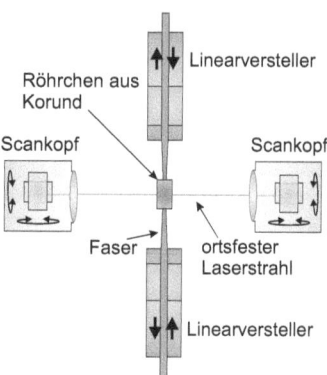

Abb. 3.1: Schematische Darstellung des indirekten CO_2-Heizens zur Herstellung freitragender Nanofasern.

ein kleines Röhrchen über den CO_2-Laser erhitzt, in dessen Zentrum sich die Faser befindet. Die periodische Bewegung der Foki über die Faser zur Ausbildung einer Taille konstanten Durchmessers wird nun von den Linearverstellern zusätzlich zur Ziehbewegung übernommen.

Das Röhrchen muss unter normaler, oxidierender Atmosphäre Temperaturen um 1300 °C nahe des Transformationspunktes von Quarzglas aushalten und die Laserwellenlänge von 10,6 µm gut absorbieren. Metalle scheiden aufgrund letzterer Bedingung aus, da sie bei dieser Wellenlänge üblicherweise ein Reflexionsvermögen > 99 % besitzen und praktisch Raumtemperatur beibehalten. Letztendlich scheint multikristalliner Korund (Al_2O_3) die beste Wahl zu sein. Er findet breite Anwendung in der Hochtemperaturtechnik und hält ohne mechanische Belastung je nach Reinheit Temperaturen um 1750 °C bis 1950 °C aus. Aufgrund seiner großen Verbreitung ist er ohne Schwierigkeiten zugänglich. Außerdem ist er in den erforderlichen Dimensionen herstellbar. Typischerweise kommen Röhrchendimensionen von 2 mm Außendurchmesser, 1,5 mm Innendurchmesser und Längen um 8 mm zum Einsatz. Andere, aus thermischer Sicht ebenfalls interessante Materialen wie z. B. Siliziumkarbid können nur mit deutlich größeren Wandstärken hergestellt werden.

Auch wenn die Nutzung eines Korundröhrchens zum Erfolg führt, sind

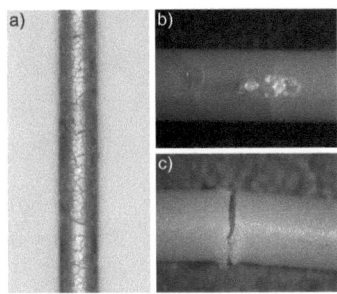

Abb. 3.2: Darstellung verschiedener Grenzen der indirekten CO_2-Heizmethode mit Korundröhrchen. Sowohl a) die Kristallisation der Faser, als auch b) das Aufwerfen von Röhrchenmaterial, und c) der Bruch des Röhrchens treten in unregelmäßigen Abständen auf.

dennoch zwei unerwünschte Effekte hinzunehmen. Zum einen tritt ein bis dato nicht vorgekommener Kristallisationseffekt der Faser auf. Aufgrund von Verunreinigungen innerhalb der äußeren Faserbereiche kristallisiert die Faser im heißen Zustand zumindest an der Oberfläche aus. Beim Abkühlen kommt es zur Rissbildung, wie in Abbildung 3.2a gezeigt, da diese Kristalle einen höheren Ausdehnungskoeffizienten besitzen als das noch amorphe Faserzentrum und sich somit stärker zusammenziehen. Der Effekt tritt vermehrt bei schlecht gesäuberten Fasern bzw. erstmalig benutzten Korundröhrchen auf. Die von der Faserhülle in den Mantel eindiffundierten Verunreinigungen lassen sich jedoch auch durch noch so sorgfältige Säuberung der Oberfläche nicht entfernen. Unter dem Blickwinkel, dass dieser Kristallisationseffekt beim direkten Erwärmen der Faser mit dem CO_2-Strahl nicht auftritt, könnten als Kristallisationskeim wirkende Bestandteile des Röhrchens eine Erklärung sein.

Zum anderen erweist sich trotz sorgfältiger Materialwahl die thermische Stabilität der verwendeten Korundröhrchen als Schwachpunkt. Obwohl nominell für Temperaturen oberhalb 1700 °C ausgelegt, ist bereits eine deutliche Bearbeitung der Röhrchenoberfläche erkennbar, sobald die Faser weich und ziehbar wird. Angefangen von einer leichten Aufschmelzung oder Aufwerfung der Oberfläche (Abb. 3.2b) bis hin zum völligen Auseinanderbrechen (Abb. 3.2c) ist hierbei alles möglich. Zur Klärung, ob die maximale Arbeitstemperatur der Korundröhrchen von 1750 °C überschritten wird, wurde eine Temperaturmessung durchgeführt.

Die Temperaturen beim Ziehen wurden mit einem Thermoelement bestimmt, welches anstelle der Faser in den Aufbau eingesetzt wurde. Da Metalle beim direkten Bestrahlen mit der CO_2-Laserwellenlänge diese nahezu vollständig reflektieren und nicht annähernd die Temperaturen der Glasfaser erreichen, ist diese Methode nur beim indirekten Heizen möglich. Um die Temperaturverfälschung durch das Thermoelement mit seiner im Vergleich zu Glas deutlich höheren Wärmeleitfähigkeit und den damit verbundenen Wärmeabtransport möglichst gering zu halten, wurde ein Thermoelement mit dem kleinstmöglich erhältlichen Standarddrahtdurchmesser von 50 µm verwendet. Dieses Thermoelement wurde anstelle der Faser durch das Korundröhrchen gefädelt und in die Halterungen eingespannt. Die zu erhitzende Kontaktstelle zwischen den beiden Metallen konnte mittels der Linearmotoren wenige Mikrometer genau im Röhrchen positioniert werden.

Bei konstanter und faserziehtauglicher Laserleistung wurde das Thermoelement schrittweise durch das Röhrchen gefahren und die Temperaturverteilung in 100 µm-Schritten aufgenommen (Abb. 3.3). Die gemessene Maximaltemperatur im Röhrchenzentrum betrug dabei 1360 °C. Damit liegt sie im erwarteten Bereich oberhalb des Transformationspunktes ($\approx$ 1300 °C), bei dem das Glas vom starren in einen verformbaren Zustand übergeht und unterhalb des Erweichungspunktes ($\approx$ 1600 °C), ab dem sich das Glas unter dem Eigengewicht zu verformen beginnt.

An der Position maximaler Zentrumstemperatur wurde das Thermoelement bewusst von innen in verschiedenen Richtungen gegen die Wandung des geheizten Röhrchens gedrückt und dabei gehäuft Werte um 1470 °C bis hin zu Extremwerten von 1540 °C gemessen. Der Abstand zwischen Röhrchenzentrum und Innenwand betrug 750 µm. Unter Berücksichtigung weiterer 250 µm bis zur Außenwand in Verbindung mit einem entsprechenden Temperaturgradienten ist eine Überschreitung der maximalen Arbeitstemperatur nicht auszuschließen.

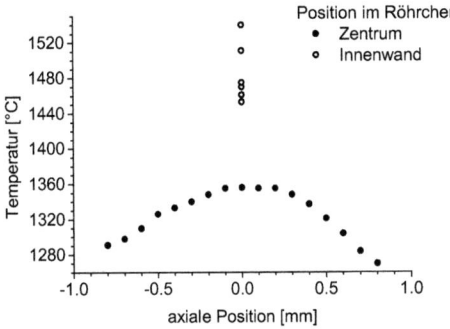

Abb. 3.3: Auftretende Temperaturen an verschiedenen Positionen innerhalb des Korundröhrchens.

Auch bei kleineren Röhrchendimensionen (Außendurchmesser 1,5 mm, Innendurchmesser 1 mm) konnte kein merklicher Einfluss auf die notwendige Laserleistung bzw. Stabilität der Röhrchen festgestellt werden. Aktuell ist keine Option bekannt, die Degradation des Röhrchens zu verhindern. Ein regelmäßiger Austausch bleibt erforderlich.

3.3 Integrierte Nanofasern

Zur Herstellung integrierter Nanofasern sind zwei Wege gangbar. Zum einen kann angestrebt werden, die gewünschten Zielparameter direkt am Faserziehturm zu erlangen und zum anderen kann ein Taperprozess zur erforderlichen Kernreduktion dem Faserzug nachgeschaltet werden. Beide Methoden werden in der Literatur angewandt. Die alleinige Ausnutzung des Faserziehturms [53, 55–57] hat den Vorteil, dass im Endergebnis ein gleichbleibender Querschnitt über eine große Faserlänge zur Verfügung steht. Nachteilig ist, das die Zielgeometrie oft nur angenähert erreicht wird und die Natur des Herstellungsprozesses in den seltensten Fällen eine Feineinstellung zulässt. Im Gegensatz dazu bietet ein nachgeschalteter Taperprozess [58–60], wenn auch auf begrenzter Faserlänge, neben der Feineinstellung der Kerngröße die Möglichkeit, eine Vielzahl unterschiedlicher Geometrien aus ein und derselben Faser zu generieren. Somit kann mit vergleichbar geringem Aufwand der Geometrieeinfluss im Detail untersucht werden. Im Rahmen der Arbeit fand die zweite Methode Anwendung.

Beim Tapern mikrostrukturierter optischer Fasern mit Luftanteilen im Mantel liegt das Hauptaugenmerk auf der Erhaltung der Lochstruktur. In der Regel ist man bestrebt, die relativen Verhältnisse der Ausgangsgeometrie beizubehalten und die durch die Oberflächenspannung auftretende Verringerung der Lochdurchmesser weitestgehend zu minimieren. Unter Beachtung dieser Problematik sind für das Tapern mikrostrukturierter Fasern die üblichen Verfahren anwendbar. Der Einfluss der Oberflächenspannung wird im Folgenden näher erläutert.

Ein sich in Glas befindlicher Luftzylinder besitzt das Volumen $V = \pi r^2 l$ und erfährt bei einer Radiusänderung $\mathrm{d}r$ eine Volumenänderung

$$\mathrm{d}V = 2\pi r l \mathrm{d}r. \tag{3.1}$$

Da der Luftzylinder unendlich lang ist, spielt bei diesem Vorgang eine Längenänderung keine Rolle und es gilt $\mathrm{d}l = 0$. Für die Mantelfläche gilt analog $A = 2\pi l r$ und

$$\mathrm{d}A = 2\pi l \mathrm{d}r. \tag{3.2}$$

Der gegen die Oberflächenspannung σ zu verrichtende Arbeitsterm lautet $\mathrm{d}W = \sigma \mathrm{d}A$ und die Volumenarbeit des Glases bei Kompression unter dem Druck p ist als $\mathrm{d}W = p\mathrm{d}V$ definiert. Im Gleichgewicht führt dies unter Verwendung von Gleichung 3.1 und 3.2 zu

$$\begin{aligned} p_G \, \mathrm{d}V &= \sigma \, \mathrm{d}A \\ p_G \, 2\pi \, r \, l \, \mathrm{d}r &= \sigma \, 2\pi \, l \, \mathrm{d}r \\ p_G &= \frac{\sigma}{r}. \end{aligned} \tag{3.3}$$

Dies bedeutet, dass man die Bemühungen der Oberflächenspannung durch Anlegen eines entsprechenden Gegendrucks p_G im Inneren des Zylinders exakt kompensieren kann. Niedrigere oder höhere Drücke im Vergleich zu p_G verlangsamen den Kollaps der Löcher beziehungsweise führen zu einem aufblasenden Effekt. Je nach Größe der Löcher kann der benötigte Druck durchaus beachtliche Werte annehmen. Bei einer Oberflächenspannung von $\sigma \approx 0{,}3\,\text{N/m}$ [61, 62] für Quarzglas an Luft und einem Lochradius von $r = 50\,\text{nm}$ ergibt sich ein Gleichgewichtsdruck von $p_G = 6 \cdot 10^6\,\text{Pa} = 60\,\text{bar}$. Gleichung 3.3 stellt einen Spezialfall der Young-Laplace-Gleichung dar, welche den Zusammenhang zwischen Druck, Oberflächenkrümmung und Oberflächenspannung beschreibt. Mit einem zusätzlichen Faktor 2 auf der rechten Seite beschreibt Gleichung 3.3 z. B. die Drucküberhöhung im Inneren einer Gasblase beziehungsweise eines Flüssigkeitstropfens.

Problematisch wird das Entgegenwirken der Lochkontraktion, wenn die Faser Löcher unterschiedlicher Größe besitzt bzw. die Löcher nicht an jedem Ort den gleichen Krümmungsradius aufweisen. Ein einheitlicher Druck ist nur für einen Krümmungsradius optimal. Löcher anderer Größe werden entsprechend dennoch kontrahieren beziehungsweise expandieren, je nachdem in welchem Verhältnis der tatsächlich vorherrschende Druck zum lokalen Gleichgewichtsdruck steht. Auffällig wird dieser Effekt bei anfänglich nur leicht unterschiedlichen Löchern. Während des Ziehprozesses werden die relativen Verhältnisse der Lochgrößen immer extremer, sodass sich eine näherungsweise gleichmäßige Lochstruktur in eine stark ungleichmäßige Lochstruktur ändern kann.

Deshalb empfiehlt es sich, mikrostrukturierte Fasern kalt und schnell zu tapern. Dies wird insbesondere aus der Kontraktionsgeschwindigkeit v_{Kon} der Löcher ersichtlich, welche neben den bereits eingeführten Größen auch von der Viskosität η abhängt [63]:

$$v_{Kon} = \frac{\sigma - pr}{2\eta}. \tag{3.4}$$

Im Gegensatz zur Oberflächenspannung, welche weitestgehend linear von der Temperatur abhängt [61], fällt die Viskosität um viele Größenordnungen mit steigender Temperatur. Im Bereich um $1400\,°\text{C}$ ändert sich diese

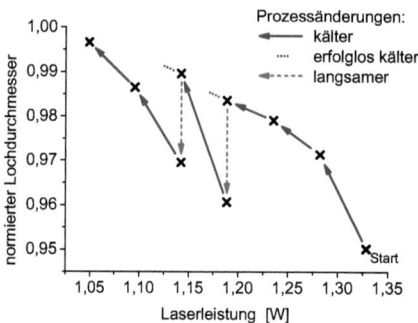

Abb. 3.4: Abhängigkeit des normierten Lochdurchmessers einer getaperten PKF von Prozesstemperatur und -dauer. Ausgehend von der ersten Prozessführung macht sich eine Verringerung der Prozesstemperatur stets positiv und eine Erhöhung der Prozessdauer stets negativ bemerkbar.

um circa eine Größenordnung pro 100 °C. Eine möglichst kalte Verarbeitung erhöht die Viskosität und verringert die Kontraktionsgeschwindigkeit somit deutlich. Die absolute Radiusänderung ergibt sich zu $v_{Ko} \cdot t$, wodurch auch die Zeit t eine kritische Rolle spielt und kurz gehalten werden muss. Die Problematik dieses Ansatzes besteht darin, dass die Faser aufgrund zu hoher Zugspannung zerreißen kann.

Eine experimentelle Bestätigung des eben diskutierten Sachverhalts ist in Abbildung 3.4 gezeigt. Der auf den ursprünglichen Lochdurchmesser und auf das Verjüngungsverhältnis normierte Lochdurchmesser einer getaperten PKF ist hier für eine exemplarische Prozessführung in Abhängigkeit von der Temperatur und der Dauer des Prozesses dargestellt. Ein normierter Lochdurchmesser mit dem Wert 1 steht für die Tatsache, dass lediglich eine geometrische Skalierung durch den Taperprozess, aber keine zusätzliche Durchmesserverringerung aufgrund der Bestrebungen der Oberflächenspannung stattgefunden hat.

Ausgehend vom ersten Messwert unten rechts (Abb. 3.4) wurde der Taperprozess schrittweise bei geringerer Temperatur durchgeführt. Dieses Vorgehen führte dreimal erfolgreich zu einer Erhöhung des normierten Lochdurchmessers. Beim vierten Schritt zerriß die Faser vorzeitig aufgrund zu hoher Zugspannungen. Daraufhin wurde zur Verringerung der auftretenden Zugspannungen der Prozess bei der vorherigen, erfolgreichen Temperatur mit geringerer Geschwindigkeit der die heiße Faser auseinanderziehenden Linearmotoren und somit mit erhöhter Prozessdauer durchgeführt. Dies resultierte erwartungsgemäß in einem kleineren normierten Lochdurchmesser. Bei langsamerer Prozessführung wurde mit der dargelegten Vorgehensweise erneut begonnen und die Temperatur schrittweise bis zum Riß der Faser verringert, anschließend der Prozess verlangsamt, usw.

In Summe veranschaulicht Abbildung 3.4, dass sich eine Verringerung der Laserleistung (Ziehtemperatur) positiv und eine Erhöhung der Ziehdauer negativ auf den Erhalt des normierten Lochdurchmessers auswirkt. Eine erhöhte Prozessdauer zu Gunsten einer zusätzlichen Temperaturerniedrigung kann sich jedoch auszahlen. Limitiert ist dieses Vorgehen und deren praktischer Nutzen dadurch, dass relativ schnell Ziehzeiten von 1 h und mehr erreicht werden. Es gilt also, sich auf einen Kompromiss zwischen erforderlichem Geometrieerhalt und Prozesszeit zu einigen.

4 Führungs- und Feldeigenschaften freitragender Nanofasern

4.1 Grenzen der Lichtführung

4.1.1 Transmission optischer Nanofasern

Wie eingangs bereits erwähnt, beschäftigen sich Transmissionsuntersuchungen bezüglich optischer Nanofasern mit dem Einfluss der Oberflächenrauigkeit [4–8], Verunreinigungen auf der Oberfläche [2, 14] und den Auswirkungen von Durchmesserschwankungen [9–13]. Ein potenieller Verlust der Führungseigenschaft als Ursache auftretender Verluste wird jedoch kaum diskutiert.

Die Oberflächenrauigkeit wird maßgeblich durch Kapillarwellen geprägt, welche beim Erkalten der Faser erstarren und praktisch eingefroren werden. Auf Basis fundamentaler Größen wie der Oberflächenspannung, der Massendichte und der typischen Molekülgröße von Quarzglas kann ein charakteristischer Wert von 0,2 nm für die durch Kapillarwellen hervorgerufene Oberflächenrauigkeit abgeschätzt werden, welcher gut mit experimentellen Werten übereinstimmt [3, 8]. Darauf aufbauend ist wiederum eine physikalisch nicht unterschreitbare Grenze hinsichtlich der Verluste abschätzbar, welche unabhängig vom Durchmesser der Nanofaser 0,01 dB/m beträgt [3]. Dieser Wert liegt jedoch deutlich unter den minimal demonstrierten Verlusten von 1 dB/m [15], sodass der Beitrag der

Oberflächenrauigkeit aus praktischer Sicht keine signifikante Rolle spielt.

Die Relevanz von Verunreinigungen der Oberfläche wird bereits deutlich, wenn man die Transmission eines Nanotapers direkt nach dessen Herstellung für wenige Stunden beobachtet [14]. Die in diesem Zeitraum abnehmende Transmission kann jedoch nur anteilig durch eine Reinigung (Aceton, Isopropanol, etc.) wieder hergestellt werden. Erst eine erneute Wärmebehandlung mit dem zur Herstellung verwendeten Flammenbrenner konnte das Transmissionsniveau wieder auf ursprüngliche Werte anheben. Somit ist es unwarscheinlich, dass die beobachteten Verluste ausschließlich durch das Absetzen von Mikropartikeln auf der Faseroberfläche hervorgerufen wurden.

Durchmesserschwankungen wurden von M. Sumetsky in einer ganzen Serie von Veröffenlichungen hinsichtlich ihres Beitrags zu den Transmissionsverlusten von Nanotapern untersucht [9–13]. Die aus der Quantenmechanik bekannte Landau-Dykhne-Gleichung wurde dazu von ihm hinsichtlich der Wellenleitertheorie umformuliert, um zu einer Abschätzung des Leistungsverlusts der Grundmode für ein bestimmtes Taperprofil zu gelangen. Die dazu erforderlichen Rechnungen sind umfangreich und bedürfen zahlreicher, zum Teil strittiger Annahmen. So sagt er selbst, dass die erforderliche Änderung der Ausbreitungskonstante $\delta\beta(z)$ der Grundmode entlang des betrachteten Taperabschnitts für sehr kleine Störungen nicht gegeben ist [10]. In [13] ist die Gültigkeit der abgeleiteten Gleichung nur für sehr kleine relative Verluste $P \ll 1$ gegeben. Somit dient praktisch das allmähliche Verlassen des Gültigkeitsbereiches als Indiz für aufkeimende Transmissionsverluste. Weiterhin fließen konkrete, analytisch angebbare Durchmesservariationen $d(z)$ mit in die Rechnung ein und führen zu schwer überschaubaren Folgen in Bezug auf die Allgemeingültigkeit seiner Aussagen.

Ausgehend von dem Anspruch konkreter Transmissionswerte beschränkt er sich deshalb letztendlich auf tendenzielle Aussagen. So zeigt sich, dass eine Art Grenzdurchmesser existiert, bei dem die Transmission schlagartig einbricht und dass dessen Lage selbst durch eine mehrere Größenordnungen übergreifende Variation der Längenskala der angenommenen Durchmesserschwankung nur unwesentlich beeinflusst werden kann.

Die letztendliche Interpretation seiner Ergebnisse hinsichtlich der ursächlichen Verlustmechanismen erfolgt in starker Anlehnung an die intrinsische Durchmesservariation einer Tapergeometrie. Als hauptsächlicher Verlustmechanismus führt er Eingangs- und Ausgangsverlust an, welche zu diesem Zweck bewusst als Bestandteil der Gesamtverlustbilanz angesehen werden [13]. Seine Argumentation impliziert, dass Fasertaper mit nanoskaliger Taille deshalb hohe Verluste aufweisen, weil das Licht bereits in den sich angrenzenden Übergängen von der Grundmode zu Strahlungsmoden außerhalb der Faser überkoppelt. M. Sumetsky argumentiert nur vereinzelt in Richtung Führungseigenschaft der nanoskaligen Tapertaille, wenngleich seine Vorgehensweise durchaus verstärkt Ansatzpunkte in diese Richtung bietet. Er legt bei seinen Interpretationen stets die Tapergeometrie mit ihrer willentlich erzeugten Durchmesservariation zu Grunde und führt die beobachtbaren Verluste darauf zurück. Die Frage nach sinnvollen Transmissionswerten für die nanoskalige Tapertaille mit bestmöglich konstantem Durchmesser bleibt somit offen.

In diese Richtung strebt die nachfolgende Argumentation und Betrachtungsweise. Ziel dieses Abschnitts ist eine einfache und leicht zugängliche Herausarbeitung des beobachteten, schwellwertartigen Transmissionseinbruchs, welcher auf einen Verlust der Führungseigenschaften zurückgeführt wird [29]. Das konkrete Bild eines Tapers mit formal getrennten Übergangsbereichen und einem Taillenbereich steht nicht mehr im Vordergrund, wenngleich die weiterhin verwendeten Begriffe noch auf diesen Ursprung des genutzten Modells hinweisen. Im gedanklichen Fokus steht eine einfache Nanofaser und kein Taper mit nanoskaliger Taille. Die Nanofaser weist jedoch nicht perfekte Zylindersymmetrie mit konstantem Querschnitt auf, sondern besitzt eine geringe Durchmesservariation. Das folgende Modell bezieht sich somit auf den Grenzfall extrem schwacher, langreichweitiger und kegelförmiger Abweichungen von der Zylindersymmetrie, weshalb Begriffe wie Taperwinkel immer noch Verwendung finden.

Auf Basis lokaler Geometrieeigenschaften – Durchmesser und Durchmesseränderung – sollen Aussagen über die Möglichkeiten einer prinzipiellen Führung getroffen werden. Die Angabe konkreter Verlustwerte wird nicht angestrebt, da hierzu stets die Berücksichtigung des gesamten Taperprofils mit seinem spezifischen Verlauf erforderlich ist.

4.1.2 Kopplung zu Strahlungsmoden

Die Abschätzung des Grenzdurchmessers, bis zu dem Licht in ausreichendem Maß geführt wird und die Faser sinnvoll nutzbar bleibt, ist an das in Abschnitt 2.5 eingeführte Adiabatizitätskriterium für Fasertaper angelehnt. Es bezieht sich diesmal jedoch nicht auf die Kopplung der Grundmode HE_{11} zu höheren Moden innerhalb der Faser, sondern auf die Kopplung zu Strahlungsmoden außerhalb der Faser. Deshalb gleicht in diesem Fall eine Diskussion über die Führungsfähigkeit einer Diskussion über die Adiabatizität der Faser. Während in nicht adiabatischen, mikroskaligen Fasertapern das Licht lediglich in höhere Moden überkoppelt und somit weiterhin entlang der Faser propagiert, so bedeutet eine Kopplung zu Strahlungsmoden einen unwiederbringlichen Verlust des Lichts, da keine Führung entlang der Faser mehr stattfindet.

Im Falle einer Nanofaser, welche nur die Grundmode mit der radiusabhängigen Ausbreitungskonstante $\beta_1(r)$ führt, kann die Kopplung lediglich zu den Strahlungsmoden außerhalb der Faser mit der Ausbreitungskonstante β_2 erfolgen. Die Schwebungslänge b beträgt weiterhin (vgl. Gleichung 2.26, S. 22)

$$b = \frac{2\pi}{(\beta_1 - \beta_2)}. \tag{4.1}$$

Für die lokale Taperlänge l gilt der bekannte Zusammenhang (vgl. Gleichung 2.25)

$$l = \frac{r}{\Omega} \tag{4.2}$$

bezüglich des Faserradius r und des Taperwinkels Ω.

Wie in Abschnitt 2.5.1 gezeigt, bietet $l = b$ eine ungefähre Abgren-

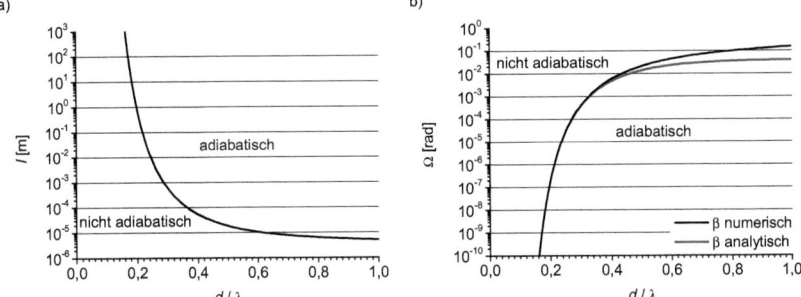

Abb. 4.1: Abgrenzung zwischen adiabatischem und nicht adiabatischem Verhalten hinsichtlich a) der lokalen Taperlänge l [29] und b) des lokalen Taperwinkels Ω in Abhängigkeit vom Faserdurchmesser. Beginnend bei großen Faserdurchmessern $d \approx \lambda$ findet mit fallendem Durchmesser eine zunehmende Verschärfung des Adiabatizitätskriteriums statt. Da diese Verschärfung unbegrenzt anhält, hat dies bei endlichem l bzw. Ω unausweichlich die Verletzung des Adiabatizitätskriteriums und den Verlust der Führungseigenschaft zufolge.

zung zwischen verlustfreien und verlustbehafteten Durchmesservariationen. Dies führt analog zur Kopplung in höhere Moden (Gleichung 2.27) zu folgendem Adiabatizitätskriterium in Bezug auf den lokalen Taperwinkel

$$\Omega = \frac{r(\beta_1 - \beta_2)}{2\pi} \tag{4.3}$$

beziehungsweise $l = 2\pi/(\beta_1 - \beta_2)$ in Bezug auf die lokale Taperlänge. Somit sollte es möglich sein, die Entscheidung, ob eine Nanofaser effektiv Licht führen kann oder zu starke Verluste aufweist, darüber zu treffen, wo deren Taperwinkel oder Taperlänge in Bezug zur entsprechenden Abgrenzung liegt.

Das Adiabatizitätskriterium 4.3 wird zunächst auf numerischem Wege ausgewertet. Die Simulation der dafür erforderlichen Ausbreitungskonstante der Grundmode erfolgt für eine Wellenlänge von $\lambda = 1550\,\text{nm}$ und die entsprechenden Materialbrechzahlen $n_{Ke} = 1{,}444$ für den Kern aus Quarzglas und $n_{Ma} = 1$ für den Mantel aus Umgebungsluft. Die so erhaltene Abgrenzung ist aufgrund der geringen Änderung des Brechungsindex $\Delta n/n = 0{,}02$ von Quarzglas in einem großen Wellenlängenbereich zwischen 400 nm und 1700 nm, welche sich auch auf die Ausbreitungskonstante der Grundmode überträgt, ebenfalls für andere Kombinationen von Faserdurchmesser und Wellenlänge gültig, solange das Verhältnis d/λ konstant bleibt.

Das sich aus dieser Geometrie ergebene Adiabatizitätskriterium ist in Abbildung 4.1a in Bezug auf die lokale Taperlänge l und 4.1b in Bezug auf den lokalen Taperwinkel Ω gezeigt. In beiden Fällen zeigt sich ein flacher Verlauf für vergleichsweise große Faserdurchmesser $d \geq 0{,}5\lambda$. In diesem Bereich wird das Adiabatizitätsverhalten nur geringfügig vom Faserdurchmesser beeinflusst, da sich die Differenz der Ausbreitungskonstanten $\beta_1 - \beta_2$ nur wenig ändert. Dieser Sachverhalt wechselt jedoch drastisch für den Bereich kleiner Faserdurchmesser $d \leq 0{.}5\lambda$, in dem geringfügige Änderungen des Faserdurchmessers das Adiabatizitätskriterium um mehrere Größenordnungen verschärfen. Dies findet ebenfalls seine Ursache im speziellen Verhalten der Differenz der Ausbreitungskonstanten, welche um viele Größenordnungen abfällt und mit verschwindendem Faserdurchmesser beliebig klein wird.

Hinsichtlich der lokalen Taperlänge reichen für relative große Faserdurchmesser $d > 0{,}36\lambda$ geringe Werte um $l = 100\,\mu\text{m}$ aus, um adiabatisches Verhalten zu gewährleisten (vgl. Abb. 4.1a). Diese Anforderung nimmt jedoch für kleinere Faserdurchmesser immer weiter zu. Wird für einen Faserdurchmesser von $d = 0{,}29\lambda$ noch eine lokale Taperlänge von $l = 1\,\text{mm}$ gefordert, ist es bei $d = 0{,}16\lambda$ bereits eine riesige lokale Taperlänge von $l = 1\,\text{km}$. Eine Erhöhung der lokalen Taperlänge um 6 Größenordnungen verringert den Grenzdurchmesser lediglich um den Faktor 2. Ähnlich sieht es bezüglich des lokalen Taperwinkels Ω aus (Abb. 4.1b). Vergleichsweise steile Winkel von $\Omega = 1 \cdot 10^{-3}\,\text{rad}$, was ungefähr 1 nm Durchmesseränderung pro 1 µm Faserlänge entspricht, reichen für Fasern mit Durchmessern oberhalb $d = 0{,}33\lambda$ zur Absicherung adiabatischen Verhaltens aus. Aber selbst wenn sich nur auf je 1 m Faserlänge der Radius der Faser um 1 nm ändert ($\Omega = 1 \cdot 10^{-9}\,\text{rad}$), verschiebt sich dieser Grenzdurchmesser nur auf $d = 0{,}17\lambda$.

Anhand der Abbildungen 4.1a und 4.1b lässt sich bereits erkennen, wodurch der angesprochene Transmissionsabfall hervorgerufen wird. Beginnend bei großen Faserdurchmessern $d \approx \lambda$ findet mit fallendem Durchmesser eine zunehmende Verschärfung des Adiabatizitätskriteriums statt. Ausgehend von einem festen, sich im adiabatischen Bereich befindlichen Wert für l bzw. Ω nähert sich mit fallendem Faserdurchmesser die Adiabatizitätsgrenze immer weiter diesem Wert an, welcher letztendlich diese Grenze überschreitet. Dadurch wird eine effektive Kopplung der Grundmode mit Strahlungsmoden ermöglicht. Die unausweichliche Verletzung des Adiabatizitätskriteriums erklärt somit die auftretenden Transmissionsverluste. Der spezifische, anfänglich flache und später beliebig steil werdende Verlauf der Adiabatizitätsgrenze führt zu dem Phänomen, dass mehrere Größenordnungen der Taperlängen bzw. Taperwinkel das Adiabatizitätskriterium in einem schmalen Durchmesserbereich verletzen. Diese Aussage stimmt mit dem von M. Sumetsky über die Landau-Dykne-Gleichung abgeleiteten Sachverhalt überein. Auch er gelangt zu dem Ergebnis, dass der zum Transmissionseinbruch gehörige Durchmesser durch die „charakteristische Länge der Durchmesservariation", wie er sie für seine Berechnungen eingeführt hat, nur geringfügig beeinflussbar ist.

Neben der numerischen Simulation der Ausbreitungskonstante der Grundmode in Abhängigkeit vom Faserdurchmesser besteht auch die Möglichkeit zur Nutzung eines analytischen Zusammenhangs [12]:

$$\beta_1 = \frac{2\pi}{\lambda} + \frac{\gamma^2 \lambda}{4\pi}, \tag{4.4}$$

wobei

$$\gamma = \frac{2.246}{d} \exp\left(\frac{n_{Ke}^2 + n_{Ma}^2}{8 n_{Ma}^2} - \frac{n_{Ke}^2 + n_{Ma}^2}{n_{Ma}^2 (n_{Ke}^2 - n_{Ma}^2)} \frac{\lambda^2}{\pi^2 d^2}\right). \tag{4.5}$$

Hierbei steht γ für den transversalen Anteil der Ausbreitungskonstante β_1, n_{Ke} für die Kernbrechzahl, n_{Ma} für die Mantelbrechzahl und λ für die Wellenlänge des geführten Lichts. Darauf aufbauend lässt sich in Kombination mit Gleichung 4.3 folgender analytischer Zusammenhang zwischen lokalem Taperwinkel Ω und Faserdurchmesser d angeben:

$$\Omega(d) = a\frac{\lambda}{d}\exp\left(-b\frac{\lambda^2}{d^2}\right). \tag{4.6}$$

Hierbei sind $a(n_{Ke}, n_{Ma})$ und $b(n_{Ke}, n_{Ma})$ positive, reelle Größen. Für die Brechzahlen $n_{Ke} = 1{,}444$ und $n_{Ma} = 1$ ergibt sich $a = 3{,}30$ und $b = 0{,}288$.

Das Adiabatizitätskriterium 4.6 auf Basis des analytischen Zusammenhangs $\Omega(d)$ ist in Abbildung 4.1b neben dem auf numerischem Weg bestimmten Adiabatizitätskriterium ebenfalls eingezeichnet. Wie zu erkennen ist, zeigen sich sichtbare Unterschiede für Faserdurchmesser $d \gtrsim 0{,}4\lambda$. Der verhaltensprägende Abfall für kleinere Faserdurchmesser wird jedoch sehr gut wiedergegeben. Die durch das Adiabatizitätskriterium gestellten Anforderungen können somit im Wesentlichen auf die exponentielle Abhängigkeit in Gleichung 4.6 bezüglich des Faserdurchmessers zurückgeführt werden.

Die Gleichungen 4.4 und 4.5 besitzen keine exakte sondern lediglich eine asympotisch genaue Gültigkeit und treffen streng genommen nur für verschwindend kleine Faserdurchmesser zu. Dementsprechend wächst der Fehler mit wachsendem Faserdurchmesser. Wie sich jedoch zeigt, stimmt im vorliegenden Fall einer Nanofaser in Luft das auf diesem Wege ableitbare Adiabatizitätskriterium bereits ab Faserdurchmessern um $d = 0{,}4\lambda$ sehr gut mit dem auf numerischem Wege ermittelten Adiabatizitätskriterium überein. Die alleinige Stützung auf die analytischen Werte der Ausbreitungskonstante der Grundmode zur Klärung des Transmissionseinbruchs wäre somit ausreichend.

Zur experimentellen Bestätigung der abgeleiteten Adiabatizitätsgrenze wurden diverse Nanotaper bis in den Grenzbereich adiabatischen und nicht adiabatischen Verhaltens gezogen und zeitgleich zum Ziehprozess die Transmission mit einer schmalbandigen Lichtquelle um 1550 nm kontrolliert. Während des Ziehprozesses wurde die Heizzonenlänge $L = L_0$ konstant gehalten, wodurch ein exponentielles Taperprofil der Form $r(z) =$

$r_0 \exp(-z/L_0)$ entlang der Symmetrieachse z der Faser entsteht (vgl. Abschnitt 2.5.2). Der lokale Taperwinkel ergibt sich somit zu

$$\tan \Omega = \frac{\mathrm{d}r(z)}{\mathrm{d}z} = -\frac{r_0}{L_0} \mathrm{e}^{-z/L_0} = -\frac{r(z)}{L_0}. \tag{4.7}$$

Für kleine Winkel ($\tan \Omega = \Omega$) entspricht diese Gleichung der Definition der lokalen Taperlänge l (Gl. 4.2). Wird die Faser mit konstanter Heizlänge L_0 gezogen, entsteht somit ein Profil mit konstanter lokaler Taperlänge $l = L_0$, was einer horizontalen Linie in Abb. 4.1a entspricht.

Abbildung 4.2 zeigt die Änderung der Transmission während des Taperprozesses in Abhängigkeit vom momentanen Taillendurchmesser für zwei äquivalente Ziehprozesse. Der lokale Taillendurchmesser bei dem die relative Transmission auf unter 0,5 fällt, wird als Grenzdurchmesser d_G zwischen adiabatischem und nicht adiabatischem Verhalten angenommen. Für die dargestellten Nanofasern, welche mit einer Taillenlänge von $L_0 = 6\,\mathrm{mm}$ gezogen wurden, liegt dieser bei $d_G = 0{,}38\,\mathrm{\mu m} = 0{,}25\lambda$ und stimmt damit gut mit der Abschätzung über das Adiabatizitätskriterium überein. Ein Grenzdurchmesser in vergleichbarer Größe wurde auch von M. Sumetsky demonstriert [13].

Zusammenfassend sind die immer weiter anwachsenden und letztendlich nicht mehr erfüllbaren Forderungen des Adiabatizitätskriteriums für den auftretenden Transmissionseinbruch optischer Nanofasern verantwortlich. Dabei variieren die für adiabatisches Verhalten erforderlichen Geometrieparameter innerhalb eines kleinen Durchmesserbereichs über viele Größenordnungen. Sämtliche diesen Parameterbereich abdeckenden Herstellungsprozesse werden auf diesen Durchmesserbereich projiziert, sodass die Nanofasern dort ihre Führungseigenschaft verlieren. Deshalb tritt der beobachtbare Transmissionseinbruch stets bei vergleichbaren Kerndimensionen auf. Zur Verschiebung dieses Führungsverlusts hin zu kleineren Kerndimensionen ist eine weitreichende Verbesserung der Herstellungsprozesse erforderlich. Der dafür erforderliche Aufwand steht jedoch in keinem sinnvollen Verhältnis zum Nutzen, da eine Verringerung des Ta-

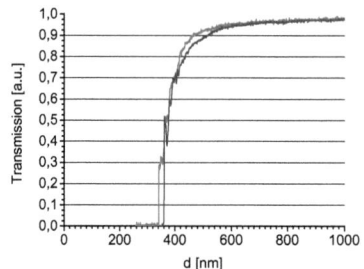 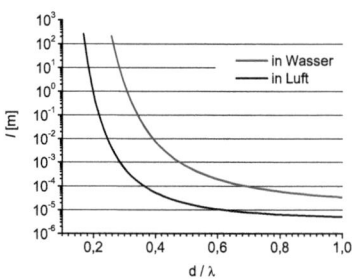

Abb. 4.2: Transmission zweier Nanotaper in Abhängigkeit vom Taillendurchmesser bei $\lambda = 1550\,\text{nm}$. [29]

Abb. 4.3: Abgrenzung zwischen adiabatischen und nicht adiabatischen lokalen Taperlängen l für verschiedene Mantelmedien.

perwinkels um mehrere Größenordnungen lediglich eine Durchmesserreduzierung um ca. den Faktor 2 erwarten lässt.

Wässrige Medien haben mit $n \approx 1{,}3$ einen deutlich höheren Brechungsindex als Gase mit $n \approx 1$ und reduzieren somit den Brechzahlsprung zwischen Kern und Mantel erheblich. Man könnte deshalb erwarten, dass sich der sinnvoll nutzbare Grenzdurchmesser auch deutlich verschiebt und eventuell den Subwellenlängenbereich verlässt. Abbildung 4.3 zeigt die Auswirkung der Änderung des Mantelmediums ($n_{Ma} = 1{,}316$ bei $\lambda = 1550\,\text{nm}$ [64]) auf das adiabatische Verhalten der Faser. Der Grenzdurchmesser ändert sich merklich und verschiebt sich im Bereich der experimentell umgesetzten lokalen Taperlänge von ca. 10 mm von $d_G = 0{,}25\lambda$ auf $d_G = 0{,}40\lambda$. Somit lassen sich Nanofasern auch in wässrigen Medien sinnvoll anwenden.

4.2 Eigenschaften der Feldverteilung

Neben dem schwellwertartigen Transmissionsverhalten weisen optische Nanofasern weitere neuartige Eigenschaften auf, welche man bei Standardfasern nicht gewohnt ist. Im Folgenden werden verschiedene Aspekte der Feldverteilung näher beleuchtet.

4.2.1 Asymmetrie in der Grundmode

Es ist bekannt, dass die Grundmode einer optischen Faser mit rotationssymmetrischer Brechzahlverteilung in guter Näherung ebenfalls rotationssymmetrisch ist und ein gaußförmiges Profil aufweist (vgl. Gleichung 2.13 in Abschnitt 2.1). Dies gilt jedoch nur für relativ große Kerne beziehungsweise schwach führende Fasern mit verhältnismäßig kleinem Brechzahlsprung zwischen Kern und Mantel. Abbildung 4.4 zeigt eine Polarisationsrichtung der Grundmode für verschiedene Faserdurchmesser im Subwellenlängenbereich. Für große Faserdurchmesser von $d \geq 0{,}75\lambda$ zeigt die Intensitätsverteilung der Grundmode wie erwartet einen gaußförmigen Verlauf. Für kleinere Faserdurchmesser in der Nähe des beobachteten Grenzdurchmessers $d_G = 0{,}25\lambda$ dominiert jedoch zunehmend der Polarisationscharakter der Mode und deren evaneszentes Feld, wodurch die allgemeine Annahme einer gaußförmigen Verteilung nicht länger Gültigkeit besitzt. Die gaußförmige Verteilung lässt sich auch nicht durch Superposition beider Polarisationsrichtungen erreichen, wenngleich dadurch auch wieder eine rotationssymmetrische Intensitätsverteilung entsteht.

4.2.2 Modenfelddurchmesser

Der Modenfelddurchmesser (MFD) ist durch diejenige Breite definiert, bei der die Intensität einer Mode auf das $1/e^2$-Niveau des Maximalwertes gefallen ist. Bei einer gaußförmigen Verteilung gibt es dafür eine analyti-

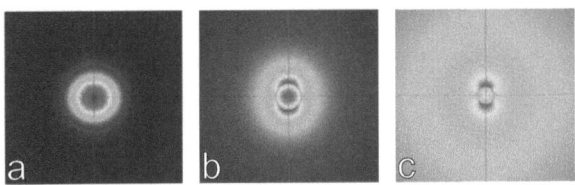

Abb. 4.4: Entwicklung der Intensitätsverteilung der Grundmode. Mit kleiner werdendem Durchmesser (a) $d = 0{,}75\lambda$, b) $d = 0{,}3\lambda$, und c) $d = 0{,}2\lambda$) verliert sie aufgrund des Polarisationscharakters zunehmend ihre Gaußform. Die dargestellte Fläche entspricht $2\lambda \times 2\lambda$. Polarisationsrichtung: ↕. [29]

sche Gleichung [65]

$$d_{MF} = 2\sqrt{2}\sqrt{\frac{\iint S_z r^2 \mathrm{d}^2\mathbf{r}}{\iint S_z \mathrm{d}^2\mathbf{r}}}, \quad (4.8)$$

wobei S_z der z-Komponente des Poynting-Vektors entspricht, welche entlang Faserachse und Ausbreitungsrichtung zeigt. Der über Gleichung 4.8 berechnete MFD wird nachfolgend als analytischer MFD bezeichnet.

Weicht die Feldverteilung von einer Gaußform ab, so entspricht der auf diese Weise für den MFD erhaltene Wert nur angenähert einem Abfall auf $1/e^2$. Dennoch hat sich diese Gleichung auch für nicht gaußförmige Feldverteilungen, wie es zum Beispiel bei höheren Moden, bei nicht zylindersymmetrischen Fasern oder eben bei Nanofaser [28] der Fall ist, durchgesetzt, weil die erhaltenen Werte in der Regel hinreichend brauchbar sind. Alternativ dazu besteht die Möglichkeit, die exakte Position des $1/e^2$-Abfalls aus den numerisch berechneten Modenprofilen auszulesen. Der auf diese Weise erhaltene MFD wird nachfolgend als numerischer MFD bezeichnet.

Abbildung 4.5 zeigt den Verlauf des MFD der Grundmode einer sich in Luft befindlichen Nanofaser sowohl unter Anwendung von Gleichung 4.8 als auch als numerisch exakter Wert des $1/e^2$-Niveaus. Der Einfachheit halber wurde der hier gezeigte numerische MFD senkrecht zur Polarisationsrichtung bestimmt, da die Intensitätsverteilung in dieser Richtung einen monoton fallenden Verlauf zeigt. Parallel zur Polarisationsrichtung kann es aufgrund des Intensitätssprungs an der Materialgrenze mehrfach, sowohl innerhalb als auch außerhalb der Faser, zum Durchschreiten des $1/e^2$-Niveaus kommen. Diesbezügliche MFD-Angaben sind somit nicht eindeutig. Die Differenz aller möglicher numerischer MFD liegt jedoch bei nur wenigen 10 nm.

Während sich im Bereich $d \gtrsim \lambda$ analytischer und numerischer MFD maximal um den Faktor 1,1 unterscheiden und für kleiner werdende Durchmesser sogar annähern, so zeigen sich doch spätestens im Minimum des MFD deutliche Unterschiede. Im analytischen Fall wird der kleinste MFD $d_{MF} = 0{,}82\lambda$ bei einem Faserdurchmesser von $d = 0{,}75\lambda$ erreicht. Im Ge-

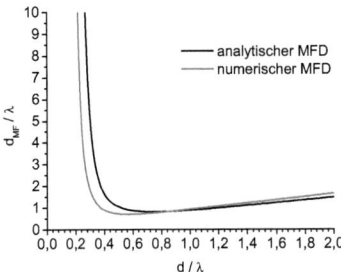

Abb. 4.5: Entwicklung des Modenfelddurchmessers d_{MF} in Abhängigkeit vom Faserdurchmesser d.

gensatz dazu sind beide Werte im numerischen Fall deutlich geringer und betragen $d_{MF} = 0{,}71\lambda$ und $d = 0{,}57\lambda$. Für noch kleinere Faserdurchmesser wachsen beide MFD rasant über mehrere Größenordnungen an und der Unterschied zwischen beiden MFD nimmt stetig zu. Es zeigt sich somit, dass die Übertragung gebräuchlicher Charakterisierungsmethoden optischer Modenfelder in Mikrometerdimensionen auf nanoskalige Wellenleiter durchaus kritisch ist und nur mit entsprechender Vorsicht angewendet werden sollte.

In den kommenden Abschnitten finden sich noch weitere Indizien, dass der numerische MFD dem analytischen MFD vorzuziehen ist, da im Bereich um $d = 0{,}57\lambda$ weitere Extremwerte anderer Feldeigenschaften anzutreffen sind, demgegenüber $d = 0{,}75\lambda$ jedoch keine zusätzliche Bedeutung erlangt.

In beiden Fällen liegt der zum kleinsten MFD gehörige Faserdurchmesser oberhalb des in Abschnitt 4.1.2 ermittelten kleinsten nutzbaren Grenzdurchmessers $d_G = 0{,}25\lambda$. Anwendungen, welche einen möglichst kleinen MFD bevorzugen, können somit umgesetzt werden.

Betrachtet man den MFD einer Glasfaser in Wasser, tritt qualitativ ein vergleichbares Bild bei etwas größeren Faserdurchmessern auf. Der kleinste analytische MFD von $d_{MF} = 1{,}41\lambda$ tritt bei einem Faserdurchmesser von $d = 1{,}14\lambda$ auf, der kleinste numerische MFD von $d_{MF} = 1{,}20\lambda$ bei einem Durchmesser von $d = 0{,}85\lambda$. Auch hier liegen beide Werte oberhalb des abgeschätzten Grenzdurchmessers $d_G = 0{,}40\lambda$.

4.2.3 Verteilung der Leistungsdichte

Ein weiteres wichtiges Charakterisierungsmerkmal ist das Verhalten der Leistungsdichte **S**. Je nach Anwendung werden diesbezüglich unterschiedliche Schwerpunkte angesetzt. Zum Beispiel bevorzugen nichtlineare Anwendungen eine möglichst hohe Leistungsdichte im Faserzentrum und Sensoranwendungen profitierten am stärksten von hohen Leistungsdichten auf der Faseroberfläche bzw. außerhalb der Faser.

Abbildung 4.6 zeigt die Änderung der Komponente S_z der Leistungsdichte in Abhängigkeit vom Faserdurchmesser für drei ausgewählte Punkte des Faserquerschnitts. Der Maximalwert für das Faserzentrum wird bei einem Durchmesser von $d = 0{,}6\lambda$ erreicht, welcher leicht oberhalb des Durchmesser des (numerisch) kleinsten Modenfeldes mit $d = 0{,}57\lambda$ liegt. Bis hinunter zu diesem Durchmesser ist eine Erhöhung der Konzentration des geführten Lichtes innerhalb des Fasermaterials möglich. Für kleinere Faserdurchmesser fällt die zentrale Leistungsdichte bereits ab, obwohl der minimale MFD noch nicht erreicht ist. Die geführte Leistung ver-

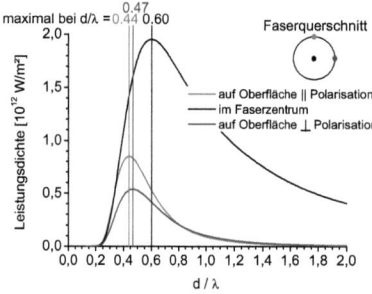

Abb. 4.6: Variation der Leistungsdichte in Abhängigkeit vom Faserdurchmesser im Faserzentrum und auf der Faseroberfläche. Die Gesamtleistung ist auf 1 W normiert. [29]

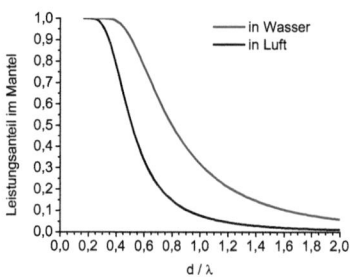

Abb. 4.7: Anteil der geführten Leistung im Fasermantel in Abhängigkeit vom Durchmesser.

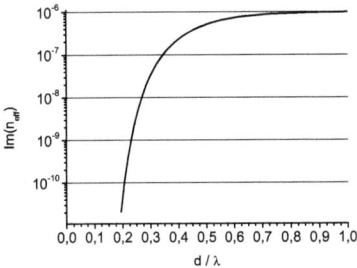

Abb. 4.8: Variation des Imaginärteils des effektiven Index der Grundmode. Der Imaginärteil des Kernmaterials wurde auf $1 \cdot 10^{-6}$ gesetzt.

schiebt sich allmählich vom Zentrum zum Rand der Faser und dann in den Außenbereich. Die extremale Leistungsdichte auf der Faseroberfläche kann unter Berücksichtigung der Polarisationsrichtung je nach Position unterschiedliche Werte annehmen und tritt parallel zur Polarisation bei $d = 0{,}47\lambda$ und senkrecht zur Polarisation bei $d = 0{,}44\lambda$ auf.

Beim experimentell erreichbaren Grenzdurchmesser von $d_G = 0{,}25\lambda$ liegen alle erwähnten Leistungsdichten bereits mehr als zwei Größenordnungen unterhalb der möglichen Maximalwerte. Alle Extrema sind somit experimentell gut erreichbar. Insbesondere der Durchmesser mit der höchsten Leistungsdichte auf der Faseroberfläche könnte für sensorische Anwendungen interessant sein. Bei diesem Durchmesser propagieren bereits 68 % der Leistung außerhalb der Faser (Abb. 4.7), wodurch sich eine hohe Sensitivität bei der Wechselwirkung mit einem äußeren Medium ergibt. Außerdem beträgt der numerische Modenfelddurchmesser an dieser Stelle lediglich $0{,}8\lambda$, was stark lokalisierte Sensoranwendungen ermöglicht.

Beim Erreichen des Grenzdurchmessers $d_G = 0{,}25\lambda$ propagieren über 99 % der geführten Leistung außerhalb der Faser, wie an Abbildung 4.7 ersichtlich ist. Dadurch ist die Führung am Limit dahingehend besonders interessant, dass auch Materialien bzw. Wellenlängenbereiche, welche üblicherweise aufgrund ihrer hohen intrinsischen Verluste für die Führung als ungeeignet eingestuft werden, bei diesen grenzwertigen Dimensionen deutlich geringere, vertretbare Führungsverluste aufweisen können, da ein Großteil der Leistung außerhalb des verlustbehafteten Materials propagiert. Zur Demonstration dieses Sachverhalts wurde der Brechungsindex des Fasermaterials mit einem Imaginärteil von $1 \cdot 10^{-6}$ versehen und der Imaginärteil des Modenindex n_{eff} der Grundmode in Abhängigkeit vom Faserdurchmesser berechnet (Abb. 4.8). Für Durchmesser größer 0,8λ sind die Imaginärteile von Modenindex und Materialindex weitestgehend identisch. Darunter zeigt sich beim Modenindex zunehmend eine Verringerung auf $\approx 3 \cdot 10^{-9}$ bei $d_G = 0{,}25\lambda$. Die Absorptionsverluste verringern sich somit in der dB-Skala ebenfalls um knapp 3 Größenordnungen.

Wird die Faser statt in Luft in Wasser eingebettet, ändert sich qualitativ nichts. Wiederum tritt der Durchmesser maximaler Leistungsdichte im Zentrum $(d = 0{,}88\lambda)$ kurz vor Erreichen des kleinsten MFD auf $(d = 0{,}85\lambda)$. Der Durchmesser maximaler Leistungsdichte auf der Faseroberfläche liegt bei $d = 0{,}68\lambda$. Der Leistungsanteil außerhalb der Faser zeigt in Bezug auf die speziell angesprochenen Durchmesser wenig Variation. Beim Durchmesser maximaler Oberflächenleistungsdichte propagiert mit 65 % ähnlich viel Leistung außerhalb der Faser wie im Falle von Luft (68 %) und beim kleinsten nutzbaren Grenzdurchmesser sind es wiederum über 99 %.

4.2.4 Nichtlinearer Parameter

Der Faserdurchmesser maximaler Leistungsdichte ist nur bedingt das Mittel der Wahl, wenn es um die Erzwingung nichtlinearer Effekte geht. Auch wenn eine hohe Leistungsdichte tendenziell zu bevorzugen ist, so gilt dies auch für den Umstand, die gesamte vorhandene Leistung auf eine möglichst kleine Fläche zu konzentrieren. Wie oben gezeigt, treten diese beide Extremwerte nicht unbedingt immer gemeinsam auf. Um den bestmöglichen Kompromiss beider Vorteile zu finden, behilft man sich des nichtli-

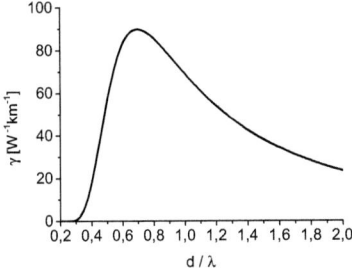

Abb. 4.9: Entwicklung des nichtlinearen Parameters in Abhängigkeit vom Faserdurchmesser.

nearen Parameters (NLP)

$$\gamma = \frac{2\pi}{\lambda} \frac{\iint n_2 S_z^2 \mathrm{d}^2 \mathbf{r}}{(\iint S_z \mathrm{d}^2 \mathbf{r})^2}, \qquad (4.9)$$

welcher möglichst hohe, lokale Leistungen gegen ein möglichst geringes Gesamtvolumen zur Optimierung der Nichtlinearität gegeneinander abwägt. Dabei steht n_2 für den nichtlinearen Brechungsindex des Materials und wird in der Regel als Konstante angesehen.

Der nichtlineare Brechungsindex von Luft ist mit $n_2 = 1 \cdot 10^{-23}\,\mathrm{m}^2/\mathrm{W}$ circa drei Größenordnungen kleiner als der von Quarzglas mit $n_2 = 2{,}6 \cdot 10^{-20}\,\mathrm{m}^2/\mathrm{W}$ [28, 66, 67], was in diesem Fall eine Beschränkung der Integration auf das Gebiet der Faser rechtfertigt.

Der Verlauf des NLP einer sich in Luft befindlichen Faser ist in Abbildung 4.9 gezeigt. Mit kleiner werdendem Faserdurchmesser steigt er zunächst langsam an, bis er bei $d = 0{,}70\lambda$ sein Maximum ($\gamma = 12{,}9 \cdot n_2/\lambda^3 = 90\,/(\mathrm{W\,km})$ bei $\lambda = 1550\,\mathrm{nm}$) erreicht und anschließend relativ zügig um mehrere Größenordnungen abfällt. Man würde erwarten, dass der Durchmesser maximalen NLP sich im Bereich zwischen maximaler Leistungsdichte im Zentrum ($d = 0{,}6\lambda$) und kleinstem MFD ($d = 0{,}57\lambda$) wiederfindet. Überraschender Weise liegt er mit $d = 0{,}70\lambda$ aber deutlich oberhalb beider Werte. Dies ist begründbar durch den stetig wachsenden Anteil der sich in Luft befindlichen Leistung, welcher aufgrund des vernachlässigbaren nichtlinearen Brechungsindex des Außenraums nicht mehr zum NLP beitragen kann. Bei $d = 0{,}7\lambda$ befinden sich bereits 22 % der Leistung außerhalb der Faser und verhindern einen Anstieg des NLP für kleinere Faserdurchmesser.

Zusammenfassend ist festzustellen, dass der in Abschnitt 4.1 abgeleitete Grenzdurchmesser d_G zur Untersuchung und Ausnutzung sämtlicher Extrema der Feldverteilung vollkommen ausreichend ist. Alle Extremwerte stellen sich oberhalb d_G ein. Diesbezüglich besteht keine Notwendigkeit für noch gleichmäßigere Nanofasern und es sind die in der Literatur auffindbaren Herstellungsverfahren ausreichend.

5 Superkontinuumserzeugung in normaldispersiven nanoskaligen Fasern

5.1 Klassische faserbasierte Superkontinuumserzeugung

Die Entwicklung „photonischer Kristall"-Fasern (PKF) [68] eröffnete ein neues Feld zur Erzeugung von extrem breitbandigen Spektren – sogenannte Superkontinua (SK) – aus spektral schmalbandigen Laserpulsen durch Ausnutzung nichtlinearer Effekte. Dieses Feld wurde maßgeblich durch die vielseitige Freiheit im Design der Wellenleiterdispersion als auch durch die geringen Energieanforderungen zum Auslösen der nichtlinearen Effekte angetrieben, welche durch eine Vielzahl bereits vorhandener Laser erfüllbar waren.

Optische Fasern, deren Gruppengeschwindigkeitsdispersion (GGD), im Folgenden ist damit immer der Dispersionsparameter D (Gleichung 2.17, S. 16) gemeint, eine einzige Nulldispersionswellenlänge (NDW) besitzt (vgl. Abschnitt 2.2), wurden in der Vergangenheit detailliert zur Superkontinuumserzeugung (SKE) untersucht. Ein entsprechender Dispersionsverlauf ist in Abbildung 5.1a (rote Linie) exemplarisch dargestellt. Typischerweise liegt oberhalb der NDW der anomale Dispersionsbereich (ADB) und unterhalb der NDW der normale Dispersionsbereich (NDB). Im ultrakurzen Pulsbereich können die breitesten Spektren genau dann

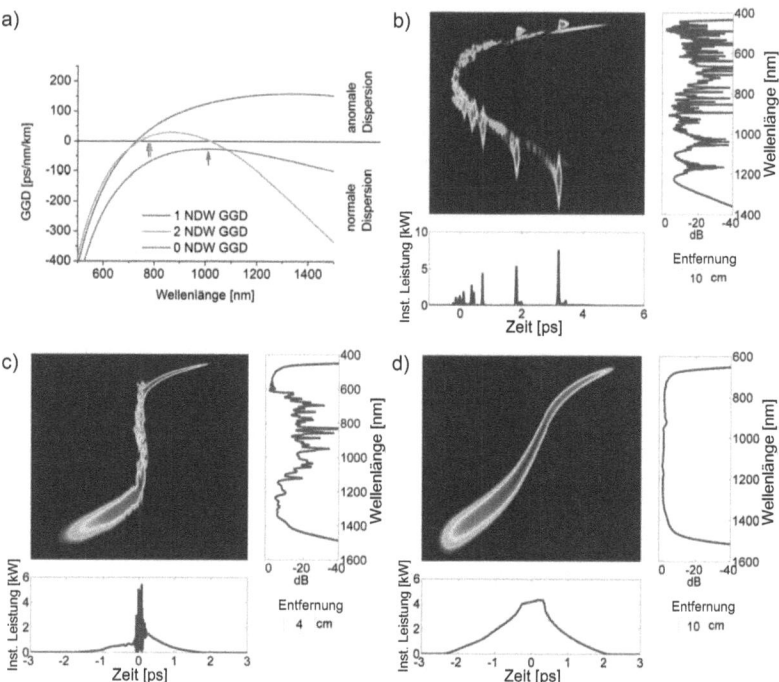

Abb. 5.1: Übersicht über verschiedene Dispersionsprofile und daraus resultierenden Superkontinuums. Dispersionsprofile mit 0, 1 und 2 NDW sind in a) gezeigt. Typischerweise verwendete Pumpwellenlängen sind per Pfeil markiert. Resultate der SKE unter Verwendung dieser Dispersionsprofile sind als Spektrogramm in b), 1 NDW, c), 2 NDW, und d), 0 NDW, dargestellt. Die Spektrogramme zeigen die spektral-zeitliche Zuordnung der im SK-Puls enthaltenen Wellenlängenkomponenten. Der Inhalt der Spektrogramme ist auch als Projektion auf den Zeitbereich bzw. den Wellenlängenbereich dargestellt, um eine entsprechende Abhängigkeit der instantanen Leistung bzw. der spektralen Intensität zu verdeutlichen.

generiert werden, wenn die Wellenlänge des Pumplasers in der Nähe der NDW im anomalen Dispersionsbereich liegt [69]. Auf diese Weise wird zum einen die zeitliche Verbreiterung des Pulses und der damit verbundene Intensitätsabfall weitestgehend hinausgezögert, was für eine hohe Effizienz der nichtlinearen Prozesse sorgt. Zum anderen wird die Entstehung optischer Solitonen von Beginn der Pulsausbreitung an zur SKE genutzt.

Im ultrakurzen Pulsbereich gründet sich die außerordentliche spektrale Verbreiterung in Fasern mit einer NDW maßgeblich auf optische Solitonen, welche nur im ADB existieren können. Ihre Existens ist das Resultat eines Zusammenspiels von Selbstphasenmodulation (SPM, vgl. Abschnitt 2.3) und geeigneter GGD. Der Nachteil der intensiven Ausnutzung von Solitonen zur SKE ist der Zerfall eines hochenergetischen Eingangspulses (Soliton höherer Ordnung) in eine Serie von Einzelpulsen (Solitonen erster Ordnung). Dieser Prozess wird Solitonenzerfall genannt. Abbildung 5.1b zeigt ein Spektrogramm eines in einer Faser mit einer NDW erzeugten SK. Die Projektion auf den Zeitbereich zeigt deutlich eine Abfolge mehrerer Einzelpulse. Über die zeitlich-spektrale Zuordnung innerhalb des Spektrogramms lässt sich außerdem feststellen, das jeder Einzelpuls eine individuelle spektrale Verteilung besitzt.

Weiterhin ist der Solitonenzerfall nur in grober Näherung deterministisch festgelegt und in hohem Maß von Fluktuationen des Eingangspulses abhängig. Als Folge ist es nicht möglich, eine Serie identischer SK-Pulse zu erzeugen. Deshalb besitzen derartige Lichtquellen aus praktischer Sicht keinerlei Puls-zu-Puls-Stabilität. Zeitkritische Anwendungen greifen deshalb standardmäßig zu Superkontinua, welche im Volumen eines geeigneten Grundmaterials ohne Wellenleiterstruktur erzeugt wurden. Diese weisen die notwendigen Stabilitätseigenschaften auf. Anstelle von Stabilität ist in diesem Zusammenhang auch der Begriff Kohärenz gebräuchlich. Die Anforderungen der so erzeugten SK hinsichtlich der notwendigen Pulsenergien liegen im Mikrojoulebereich und damit um zirka drei Größenordnungen oberhalb der Energieanforderungen faserbasierter SK von wenigen Nanojoule. In gleicher Richtung tendieren auch Aufwand und Kosten für die Pumpsysteme, was die Suche nach einer sowohl kohärenten als auch breitbandigen, faserbasierten SK-Quelle motiviert.

Anders als im ADB können sich im NDB aufgrund des geänderten Vorzeichens der GGD keine optischen Solitonen formieren. Somit findet auch kein Solitonenzerfall statt und ein einzelner Puls bleibt bestehen. Aber auch andere rauschanfällige und anomale Dispersion benötigende Effekte wie z. B. Modulationsinstabilität sind nicht mehr existent, was zu einer exzellenten Puls-zu-Puls-Stabilität führt. Diese Tatsachen sind aus Untersuchungen an Fasern mit klassischem Dispersionsverhalten (eine NDW) bekannt, welche fernab der NDW im NDB stattfanden. Die mit diesen Fasern verbundenen, hohen Dispersionswerte führen jedoch schnell zu einer zeitlichen Verbreiterung des Pulses und einem Abfall der Spitzenintensität, weswegen nichtlineare Effekte schnell zum Erliegen kommen und nur geringe spektrale Verbreiterungen erreicht werden.

Der stabilisierende Effekt des NDB wurde auch bei Studien zur SKE in optischen Fasern mit zwei NDW deutlich [70–72]. Ein exemplarischer Dispersionsverlauf ist in Abbildung 5.1a (orange Linie) dargestellt. Derartige Fasern werden üblicherweise im ADB innerhalb der beiden NDW gepumpt. Aufgrund des erheblich verringerten Einflusses des ADB und damit der mit Solitonen verbundenen nichtlinearen Effekte, besitzen die so erzeugten SK stabilere zeitliche und spektrale Eigenschaften und eine verringerte Rauschanfälligkeit als SK aus Fasern mit einer NDW. Dies macht sie im begrenzten Maß für einzelpulssensitive Anwendungen nutzbar. Zur Zeit findet sich zum Beispiel ein faserbasierter Baustein zur Erzeugung eines Superkontinuums für Anwendungen zur kohärenten Anti-Stokes-Ramanstreuung kommerziell erhältlich, welcher auf einer PKF mit zwei NDW basiert (FemtoWHITE CARS von NKT Photonics). Die Anwendungsmöglichkeiten sind jedoch weiterhin eingeschränkt, durch eine ausgeprägte zeitliche Feinstruktur und zwei lichtstarke Bereiche, welche durch einen verarmten, dem ADB entsprechenden Abschnitt voneinander getrennt sind. Ein Spektrogramm, welches diese Eigenschaften verdeutlicht, ist in Abb. 5.1c gezeigt.

Betrachtet man im letzteren Fall die augenscheinliche Korrelation zwischen normaler GGD sowie spektral und zeitlich glatten Intensitätsverläufen bzw. zwischen anomaler GGD und Bereichen mit erheblicher spektraler und zeitlicher Feinstruktur, so ist es nur konsequent, im nächsten Schritt die SKE in optischen Fasern zu untersuchen, welche ausnahmslos normale GGD aufweisen. Derartige Fasern werden im Rahmen der Arbeit als normaldispersive Fasern (NDF) bezeichnet. Eine exemplarische Dispersionskurve ist in Abbildung 5.1a (grüne Linie) gezeigt. NDF vereinen in einzigartiger Weise geringe und normale Dispersion, was sowohl effiziente und als auch stabile nichtlineare Prozesse in Aussicht stellt. Das in NDF erzeugbare Superkontinuum ist somit ein vielversprechender Kandidat für eine Vielzahl zeitsensitiver Anwendungen. Abbildung 5.1d zeigt die außergewöhnlichen Eigenschaften in einem Spektrogramm. Diese Thematik ist neu und wurde in der Literatur noch nicht aufgegriffen, weshalb ihr das aktuelle Kapitel 5 gewidmet ist. Eine Animation der nichtlinearen Pulsausbreitung in einer NDF ist als Daumenkino in der Fußzeile dieses Kapitels abgebildet. Näherer Erläuterungen zu den ablaufenden Prozessen sind in Abschnitt 5.3.2 zu finden.

Die Bearbeitung dieses Themas erfolgte in enger Kooperation mit Alexander Heidt und resultierte in mehreren gemeinsamen Veröffentlichungen [30–33]. Seine 2011 abgeschlossene Dissertation befasste sich ausschließlich mit der Thematik der Superkontinuumserzeugung in normaldispersiven Fasern [73]. Die Schwerpunkte seiner Dissertation lagen in der numerischen Implementation der nichtlinearen Pulsausbreitung, den zur Superkontinuumserzeugung in normaldispersiven Fasern beitragenden Effekten, experimentellen Arbeiten an „photonischer Kristall"-Fasern und der experimentellen Demonstration der guten Stabilitätseigenschaften. Die Schwerpunkte der vorliegenden Arbeit liegen in der Übertragung des Konzeptes normaldispersiver Fasern über „photonischer Kristall"-Fasern hinaus auf weitere, nanoskalige Fasergeometrien, in der Untersuchung des Einflusses diverser Pumpparameter, in experimentellen Arbeiten an „aufgehängter Kern"-Fasern und der Erschließung neuer Wellenlängenbereiche im Ultraviolett. Eine inhaltliche Trennung der Arbeiten würde ein lückenhaftes Bild liefern und wichtige Fragen offen lassen. Für eine vollständige Darstellung werden deshalb sämtliche genannten Aspekte zur Superkontinuumserzeugung dargelegt.

Das aktuelle Kapitel ist wie folgt gegliedert. Zunächst schätzt eine Designstudie ein, unter welchen Bedingungen NDF realisiert werden können und in welchem Umfang ein Einfluss auf die Lage des Maximums der Dispersionskurve besteht. Es schließen sich Erläuterungen zum Vorgehen bei der numerischen Simulation der nichtlinearen Pulsausbreitung an, gefolgt von detaillierten Simulationsergebnissen über die Vorgänge, Resultate und Beeinflussungsmöglichkeiten der SKE in NDF.

Eine quantitative Bewertung der Ergebnisse findet in jeweils konkreten Fasern zugeordneten, experimentellen Abschnitten statt. Weiterhin folgen Überlegungen zur experimentellen Ausdehnung des Superkontinuums in den Ultraviolett-Bereich. Außerdem wird die Anwendbarkeit von Taperübergängen zur effizienten Lichteinkopplung in nanoskalige Faserkerne detailliert untersucht. Abschließend wird auf die Erzeugung von Pulsen mit wenigen optischen Zyklen als ein Anwendungsbeispiel der SKE in NDF eingegangen.

5.2 Faserdesign für gänzlich normale Dispersion

Bei typischen, zur Kommunikation verwendeten optischen Fasern ähnelt die GGD stark der reinen Materialdispersion des zugrundeliegenden Quarzglases, da durch diverse Dotierungen nur verhältnismäßig kleine Brechzahlsprünge zwischen Kern und Mantel realisierbar sind. Die Entwicklung der PKF ermöglichte erstmals eine sinnvolle Ausnutzung hoher Indexkontraste von Glas zu Luft zur Lichtführung. In Verbindung mit nanoskaligen Kerndurchmessern im Bereich $\lesssim 1\,\mu m$ ist dieser Umstand zwingend notwendig, um in weiten Spektralbereichen der Materialdispersion mit einer entsprechenden Wellenleiterdispersion entgegenzuwirken und normaldispersives Verhalten zu generieren [31].

Im Folgenden werden unterschiedliche Fasertypen im Detail betrachtet. Der erste Fasertyp ist die freitragende Nanofaser (Abb. 5.2a). Ein einfacher, undotierter, zylindersymmetrischer Quarzglasfaden stellt den Faserkern dar und die Führung erfolgt gegen die Umgebungsluft. Der zweite Fasertyp beschäftigt sich mit einer aufgehängten Variante der Nanofaser, vor dem Hintergrund einer Erhöhung der mechanischen Stabilität und der Abschirmung vor Umwelteinflüssen. In diesen sogenannten „aufgehängter Kern"-Fasern (AKF) läuft ein einzelner Ring aus großen Luftlöchern um den Kern, welcher durch dünne Glaswände gestützt wird (Abb. 5.2b). Designparameter sind neben dem Inkreisdurchmesser d des Kerns die Anzahl N und die Breite w der unterstützenden Wände. Den dritten Fasertyp bilden PKF, in denen die Luftlöcher periodisch auf einem in der Regel hexagonalen Gitter angeordnet sind. Ein einzelner Gitterdefekt stellt den Führungskern dar (Abb. 5.2c). Der Lochdurchmesser d_{Lo} und die Lochperiode Λ sind die beiden Freiheitsgrade, welche unabhängig voneinander in einem weiten Wertebereich variiert werden können, um eine maßgeschneiderte GGD zu erhalten. Neben diesen quarzglasbasierten Geometrien werden abschließend noch hochgradig nichtlineare Weichgläser für potentielle Anwendungen im nahen und mittleren Infrarot (IR) hinsichtlich ihrer notwendigen Dimensionierung für NDF untersucht.

Auch wenn das grundlegende Verhalten der GGD heutzutage sehr gut verstanden ist und diesbezügliche Berechnungen zur Routine gehören, so führen Ungenauigkeiten und Idealisierungen bezüglich der exakten Geometriegrenzen und Brechungsindexverteilungen zwangsweise zu Abweichungen zwischen der Theorie und den praktischen Gegebenheiten. Aus diesem Grund ist eine experimentelle Bestätigung der simulierten Dispersionskurven stets wünschenswert.

Zur exemplarischen Bestätigung der Vielzahl an folgenden Dispersionsprofilen wurde die GGD einer AKF und eines Nanotapers experimentell ermittelt und mit Simulationen verglichen [74]. Der Einfachheit halber wurde auf etwas größere und deshalb nicht normaldispersive Strukturen ausgewichen. Die AKF besaß einen Inkreisdurchmesser des Kerns von 2,0 µm. Bei dem Nanotaper handelt es sich um das effektive Dispersionsverhalten der gesamten Tapergeometrie mit sich ändernden lokalen GGD-Eigenschaften einschließlich der Taperübergänge und einem kurzen Stück ungetaperter Faser an beiden Enden. Abbildung 5.3 zeigt eine sehr gute Übereinstimmung zwischen Experiment und Simulation und bestätigt, dass die angenommenen, idealisierten Geometrien sehr gut mit den tatsächlichen Strukturen übereinstimmen. Somit wird auch eine sehr gute Übereinstimmung bei den normaldispersiven Fasergeometrien erwartet.

5.2.1 Freitragende Nanofasern

Die berechnete GGD einer in Luft befindlichen, freitragenden Nanofaser aus Quarzglas in Abhängigkeit vom Faserdurchmesser ist in Abbildung 5.4 gezeigt. Der Brechungsindex von Luft wurde als $n = 1$ angenommen und Materialdispersion berücksichtigt. Alle Dispersionskurven weisen ein lokales Maximum auf. Die zu diesem Maximum gehörende Wellenlänge wird Maximaldispersionswellenlänge (MDW) genannt. Zusätzlich zu den Dispersionskurven ist in Abbildung 5.4 die Entwicklung des Kurvenmaximums hervorgehoben (schwarze Linie).

Bei einem Durchmesser von $d = 500\,\text{nm}$ liegt dieses Maximum im ADB und fällt mit kleiner werdendem Durchmesser. Das Dispersionsmaximum liegt nahe $0\,\text{ps}/(\text{nm}\,\text{km})$ bei einem Durchmesser von $d = 470\,\text{nm}$. Die zugehörige MDW beträgt ca. 490 nm. Anschließend wandert das Maximum in den NDB. Die Durchmesserreduzierung hat einen verhältnismäßig kleinen Einfluss auf die kurzwellige Seite des Dispersionsprofils, welche nahezu unverändert bleibt. Die langwellige Seite wird hingegen stark beeinflusst.

5.2.2 „Aufgehängter Kern"-Fasern

Die Handhabung freitragender Nanofasern kann vereinfacht werden, indem man sie mittels dünner radial laufender Wände im Zentrum einer optischen Faser herkömmlicher Größe von 125 µm aufhängt. Ein paar der denkbaren Geometrien sind in Abbildung 5.5 dargestellt. Drei und vier unterstützende Wände sind recht einfach herstellbar, indem entsprechend viele dünnwandige Kapillaren zusammen verzogen werden. Dabei

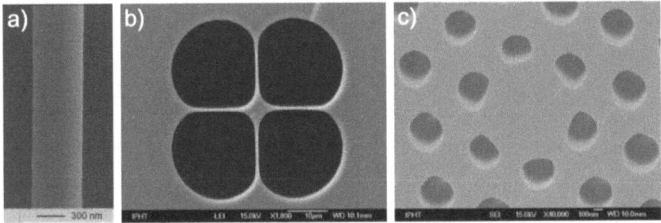

Abb. 5.2: Rasterelektronenmikroskopaufnahmen. a) Seitenansicht einer freitragenden Nanofaser, b) Querschnitt einer tetragonalen AKF, c) Querschnitt einer PKF.

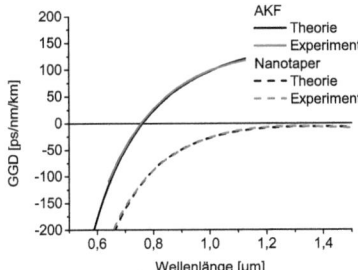

Abb. 5.3: Vergleich zwischen experimentellen und simulierten Dispersionskurven für eine AKF mit einem Kerninkreisdurchmesser von 2,0 µm und für einen freitragenden Nanotaper mit einem Taillendurchmesser von 850 nm einschließlich zugehöriger Taperübergänge und einem kurzen Stück ursprünglicher Faser an beiden Enden. [32]

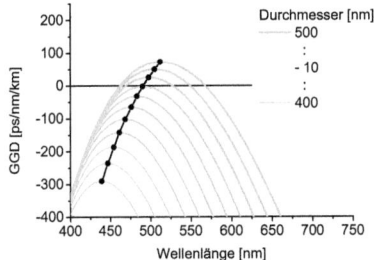

Abb. 5.4: GGD einer freitragenden Nanofaser für verschiedene Durchmesser. Der Verlauf des GGD-Maximums ist schwarz hervorgehoben. [31]

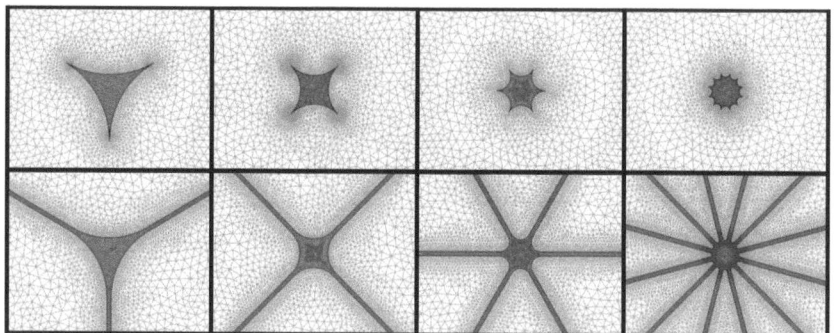

Abb. 5.5: Modelle unterschiedlicher AKF-Geometrien. Dunkelblaues Gitter repräsentiert Glas und hellblaues Gitter repräsentiert Luft. Die obere Reihe zeigt polygonale AKF (von links nach rechts: $N = 3, 4, 6$ und 12) mit verschwindender Wandstärke $w = 0$ nm. Die untere Reihe zeigt polygonale AKF mit eine Wandstärke von $w = 50$ nm. Der Inkreisdurchmesser des Kerns beträgt in allen Fällen 700 nm. [31]

verschmelzen die einzelnen Wände und der finale Kern wird durch die zentrale Region gebildet, welche die Kapillaren umschließen. Ein durch sechs oder zwölf Wände aufgehängter Kern kann vom Prinzip her durch das Aufblähen des ersten oder zweiten Rings hexagonal angeordneter Kapillaren erzeugt werden, wie sie bei PKF üblicherweise angeordnet sind. Unter der Annahme, dass Kreisbögen die Grenzflächen des Kernes bilden, ist die idealisierte AKF-Geometrie durch die Anzahl N und Dicke w der Wände und durch den Inkreisdurchmesser d eindeutig festgelegt.

Aufgrund der besten Übereinstimmung mit der freitragenden Nanofaser wird zunächst der Einfluss der Kerngeometrie bei verschwindender Wandstärke $w = 0$ nm untersucht. In Abbildung 5.6 ist die GGD für eine trigonale ($N = 3$) AKF für einen Durchmesserbereich gezeigt, welcher sowohl normale als auch anomale Dispersion bei der MDW aufweist. In Übereinstimmung mit der Nanofaser und typisch für die Dispersionskurven aller berechneten Geometrien fallen Dispersionsmaximum und MDW mit kleiner werdendem Kerndurchmesser. Weiterhin wird die kurzwellige Seite verhältnismäßig geringfügig vom Kerndurchmesser beeinflusst und es ist eine große Wirkung auf der langwelligen Seite sichtbar. Das Dispersionsmaximum liegt nahe 0 ps/(nm km) bei einem Kerndurchmesser von

$d = 530\,\text{nm}$. Die zugehörige MDW beträgt ca. $610\,\text{nm}$. Beide Werte liegen signifikant über den entsprechenden Werten der Nanofaser ($490\,\text{nm}$ MDW bei $d = 470\,\text{nm}$).

Der Verlauf des Dispersionsmaximums aller betrachteten AKF-Geometrien mit $w = 0\,\text{nm}$ in Abhängigkeit vom Kerndurchmesser ist in Abbildung 5.7 gezeigt. Die trigonale AKF besitzt die größte MDW im NDB um $615\,\text{nm}$. Eine erhöhte Wandanzahl führt zu einer Blauverschiebung dieser MDW ($N = 4: 568\,\text{nm}$, $N = 6: 534\,\text{nm}$, $N = 12: 506\,\text{nm}$), welche sich allmählich der freitragenden Nanofaser annähert. Diese Annäherung kann durch die zunehmend runde Form des Kerns erklärt werden, wie in Abbildung 5.5 ersichtlich ist.

Der Einfluss der Wandstärke w ist exemplarisch in Abbildung 5.8 für $N = 6$ und zwei Kerndurchmesser $d = 700\,\text{nm}$ und $d = 500\,\text{nm}$ illustriert. Mit wachsender Wandstärke tritt eine Absenkung des maximalen Dispersionswertes bei nahezu konstanter Wellenlänge auf. Dies ist typisch für alle berechneten Kombinationen aus N und d. Wenn somit eine Geometrie mit passendem Dispersionsmaximum bekannt ist, kann dieses durch Erhöhung der Wandstärke in den NDB abgesenkt werden. Das Zusammenspiel von Kerndurchmesser und Wandstärke in Hinblick auf das Dispersionsmaximum ist in Abbildung 5.9 gezeigt. Entlang der Nulldispersion wird die kleinste MDW bei verschwindender Wandstärke erreicht. Größere MDW sind erreichbar, indem sowohl Kerndurchmesser als auch Wandstärke in passendem Maß erhöht werden.

Der Einfluss der Wandstärke ist extrem von der Anzahl der Wände abhängig, wie Abbildung 5.10 zeigt. Während der MDW-Verlauf der trigonalen AKF so gut wie keine Beeinflussung durch die Wandstärke zeigt, hängt der MDW-Verlauf der dodekagonalen AKF stark davon ab. Dies kann im Extremfall von einer ursprünglich, aufgrund höherer Rundheit kleineren MDW bei kleinerer Wandstärke zu einer größeren MDW bei größerer Wandstärke führen. Dieser erhöhte Einfluss ist erklärbar durch den größeren Anteil an Quarzglas im mikrostrukturierten Fasermantel bei größerem N und gleichem w, wie folgendes Beispiel verdeutlicht.

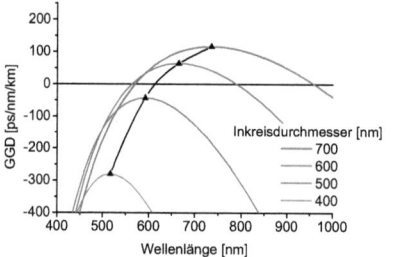
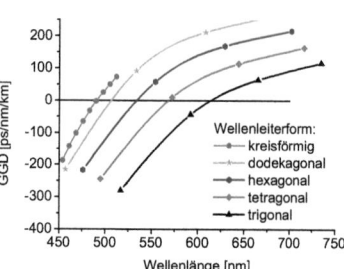

Abb. 5.6: GGD einer AKF mit $N = 3$ für verschiedene Kerndurchmesser. Das GGD-Maximum betritt den normalen Dispersionsbereich bei 610 nm Wellenlänge. Der Verlauf des GGD-Maximums ist schwarz hervorgehoben. [31]

Abb. 5.7: Verlauf des GGD-Maximums für verschiedene AKF-Geometrien mit $w = 0$ nm. Der Kerndurchmesser der AKF variiert analog zu Abb. 5.6. Mit erhöhter Wandzahl N nähert sich der Verlauf dem der freitragenden Nanofaser an. [31]

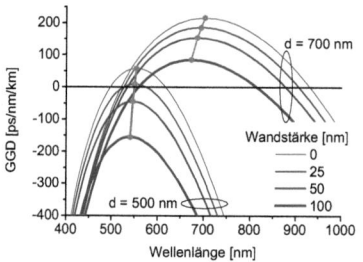
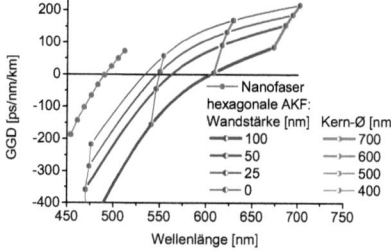

Abb. 5.8: Einfluss der Wandstärke auf die GGD. Das Maximum der GGD verringert sich mit steigender Wandstärke bei nahezu konstanter MDW. Der Verlauf des GGD-Maximums ist rot hervorgehoben. [31]

Abb. 5.9: Zusammenspiel von Kerndurchmesser und Wandstärke. Die kleinste MDW mit null Dispersion wird bei verschwindender Wandstärke erreicht. Als Orientierung ist der Verlauf des Dispersionsmaximums der Nanofaser mit eingezeichnet. [31]

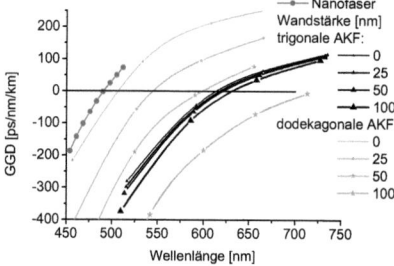

Abb. 5.10: Einfluss der Wandstärke w in Abhängigkeit von der Wandzahl N. Er nimmt mit der Anzahl der Wände stark zu. [31]

Die aufsummierte Bogenlänge aus reinem Quarzglas für eine Wandstärke von $w = 100\,\text{nm}$ beträgt ungefähr $N \cdot w = 300\,\text{nm}$ für die trigonale AKF und $N \cdot w = 1200\,\text{nm}$ für die dodekagonale AKF. Bei einem Inkreisdurchmesser von $d = 400\,\text{nm}$ beträgt der Kernumfang in beiden Fällen $\pi \cdot d = 1256\,\text{nm}$. Dieser Wert liegt deutlich über der aufsummierten Bogenlänge der trigonalen AKF, wodurch Kerngrenzen und GGD nur marginal beeinflusst werden. Im Gegensatz dazu stimmen aufsummierte Bogenlänge und Kernumfang der dodekagonalen PKF praktisch überein. Die ursprünglichen Kerngrenzen definieren nicht länger die Kernform, was in einer signifikanten Änderung der GGD resultiert.

5.2.3 „Photonischer Kristall"-Fasern

Normaldispersives Verhalten ist keineswegs auf Nanofasern oder AKF beschränkt. Jede Geometrie, welche einen kleinen Kern mit hohen Brechzahlsprüngen an den Kerngrenzen kombiniert, ist ein potentieller Kandidat zur Bereitstellung normaldispersiven Führungsverhaltens. Dies trifft auch auf PKF zu, welche bei entsprechender Wahl von Lochperiode Λ und Lochdurchmesser d_{Lo} keine anomalen Dispersionsbereiche mehr besitzen. Da die erforderlichen Kerndurchmesser zum Teil Werte um $1\,\mu\text{m}$ bis hin zu $500\,\text{nm}$ annehmen, kann man diese normaldispersiven PKF den (integrierten) nanoskaligen Fasern zuordnen.

Die gesamte Vielseitigkeit möglicher normaler Dispersionsprofile wird in Abbildung 5.11 verdeutlicht. Innerhalb des NDB lässt sich die MDW von ungefähr $550\,\text{nm}$ bis hin zu $1300\,\text{nm}$ beliebig verschieben. Eine geringe Lochperiode und ein großer Luftfüllfaktor $d_{Lo}/\Lambda \to 1$ ist für eine MDW im sichtbaren Spektralbereich erforderlich. Im nahen Infrarot ist es umgekehrt. Die untere Grenze wird durch die Nanofaser gesetzt und die obere Grenze um $1300\,\text{nm}$ kommt durch das charakteristische Verhalten der GGD zustande. Eine weitere Erhöhung der MDW innerhalb des NDB ist aufgrund der allmählichen Abflachung der GGD-Kurve, bis zum vollständigen Verschwinden des Maximums (Abb. 5.12), nicht möglich.

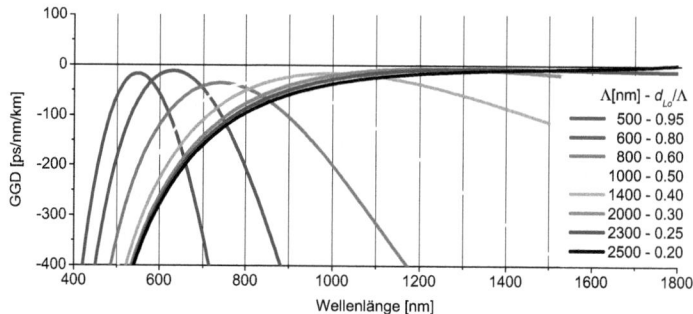

Abb. 5.11: Unterschiedliche GGD-Kurven zur Illustration der Vielfältigkeit im Design von PKF durch Lochperiode Λ und Luftfüllfaktor d_{Lo}/Λ. [31]

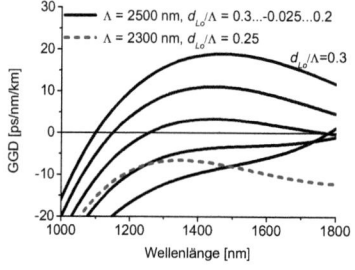

Abb. 5.12: Obere Grenze der MDW im NDB. Das Verschwinden des Maximums um $\Lambda = 2500\,\text{nm}$ verhindert eine weitere Erhöhung der MDW. [31]

Abb. 5.13: Einfluss des Luftfüllfaktors auf die GGD bei konstanter Lochperiode. [31]

Beim Annähern an diese Grenze kann über einen Wellenlängenbereich von mehreren hundert Nanometern eine sehr geringe normale Dispersion um $-10\,\text{ps km/nm}$ erreicht werden (Abb. 5.12, gestrichelt), was eine außergewöhnliche spektrale Verbreiterung verspricht.

Der Einfluss des Luftfüllfaktors auf die GGD bei konstanter Lochperiode Λ ist in Abbildung 5.13 illustriert. Die Lochperiode bestimmt maßgeblich die Position der MDW während der Lochdurchmesser zur Absenkung des Maximums in den NDB dient. Dieser Verlauf wird durch eine leichte Verringerung der MDW begleitet. Dieses Verhalten ist vergleichbar mit dem der AKF, bei denen der Kerndurchmesser die Position der

Glas	Quarz	Blei-Silikat	Bismutoxid	As_2S_3	As_2Se_3
n	1.45*	1.81**	2.02**	2.4**	2.8**
n_2 [10^{-20} m^2/W]	2.7*	41*	32**	300**	1100**

Tabelle 5.1: Übersicht über lineare Brechungsindizes n und Kerr-Koeffizienten n_2 einiger ausgewählter Glastypen entweder bei *1550 nm oder **1060 nm [78].

MDW bestimmt und dieses durch Erhöhung der Wandstärke in den NDB abgesenkt werden kann.

5.2.4 Hoch nichtlineare Chalkogenidglasfasern

Aus praktischer Sicht wird die SKE in Quarzglas stark durch dessen geringen nichtlinearen Brechungsindex $n_2^{SiO_2} = 2{,}7 \cdot 10^{-20}$ m^2/W, auch Kerr-Koeffizient genannt, limitiert. Für eine kommerzielle Anwendung ist es wünschenswert, kompakte Laserquellen mit geringer Pulsleistung auszunutzen. Aufgrund dessen wird in der Literatur vermehrt die SKE in anderen Gläsern mit einem größeren Kerr-Koeffizienten untersucht, wie z. B. in Blei-Silikat- [75], Bismut- [76] oder Chalkogenid-Glasfasern [77]. Neben dem hohen Kerr-Koeffizienten n_2 ist auch der lineare Brechungsindex n im Vergleich zu Quarzglas deutlich größer und verspricht somit eine bessere Feldlokalisierung, verbunden mit höheren Spitzenintensitäten, was sich wiederum positiv auf die Verstärkung nichtlinearer Effekte auswirkt. Weiterhin ist der Transmissionsbereich von der chemischen Zusammensetzung abhängig, sodass durch diese Gläser auch neue Wellenlängenbereiche erschlossen werden können.

Die Kenngrößen einiger in der Literatur verwendeter Materialien sind in Tabelle 5.1 zusammengefasst. Dabei fallen vor allem die Chalkogenide Arsensulfid (As_2S_3) und Arsenselenid (As_2Se_3) auf, deren Kerr-Koeffizienten im Vergleich zu Quarzglas um zwei bis drei Größenordnungen höher liegen. Unter Ausnutzung dieser Gläser ist eine drastische Reduzierung der Systemgröße und/oder der Leistungsschwelle für nichtlineare Anwendungen möglich.

Bezugnehmend zur Materialdispersion [79, 80] stellt sich auch hier die

Frage, unter welchen Bedingungen vollständig normaldispersive Fasern erreicht werden können. Auf Basis einfacher Stufenindexprofile sind zwei verschiedene Geometrien denkbar. Dies ist zum einen wieder die freitragende Nanofaser, bei der das Licht aufgrund der Grenzfläche zwischen Chalkogenidglas und Luft geführt wird und zum anderen eine abgewandelte Variante, bei der der Fasermantel aus Quarzglas besteht. Letzteres lässt sich experimentell über die Schmelz-und-Pump-Technik zumindest für Faserlängen im cm-Bereich realisierten [81], da die angesprochenen Chalkogenidgläser bereits bei Temperaturen um 450 °C eine hinreichend geringe Viskosität zum druckunterstützen Einbringen in Kapillarfasern aus Quarzglas besitzen. Quarzglas verformt sich dagegen bei diesen Temperaturen noch nicht.

Unter Ausnutzung eines Luftmantels lassen sich für beide Gläser normale Dispersionsmaxima im Bereich um 800 nm Wellenlänge erzeugen. Für As_2S_3 liegt dieser Wert bei 740 nm und für As_2Se_3 etwas höher bei 830 nm (Abb. 5.14a). Für As_2S_3 liegt das Dispersionsmaximum noch im Transmissionsfenster, welches von 0,6 µm bis 6,5 µm verläuft. Somit ist es sinnvoll, die Faser bei der MDW zu pumpen. Superkontinuumanteile deutlich unterhalb von 600 nm werden jedoch aufgrund von Materialabsorption nicht erwartet. Die untere Transmissionsgrenze bezüglich As_2Se_3 liegt hingegen um 1100 nm. Beim Dispersionsmaximum von 830 nm besteht keinerlei Transparenz mehr. Das Pumplicht würde komplett absorbiert werden, was eine sinnvolle SKE unterbindet.

Bei beiden Materialien kommt erschwerend hinzu, dass normaldispersives Verhalten erst bei sehr kleinen Kerndurchmessern möglich wird. (As_2S_3: $d = 260$ nm, As_2Se_3: $d = 230$ nm). Bezugnehmend auf den in Abschnitt 4.1 diskutierten unteren Grenzwert d_G des Kerndurchmesser für adiabatische Lichtführung bei gegebener Wellenlänge λ von $d_G = \lambda/4$ wird im Fall der As_2S_3-Fasern eine effektive Lichtführung bis zu Wellenlängen um 4×260 nm $= 1040$ nm erwartet. Aufgrund des hier höheren Brechzahlsprungs von $\Delta n \approx 1$ anstatt des in Abschnitt 4.1 untersuchten Brechzahlsprungs von $\Delta n \approx 0.5$ verschiebt sich die Grenze hin zu etwas größeren Wellenlängen. Wellenlängen oberhalb des Transmissionsfensters von Quarzglas (> 2 µm) können jedoch nicht erzeugt werden.

Ein anderes Bild ergibt sich für in Quarzglas eingebettete Chalkogenidglaskerne, wie Abbildung 5.14a ebenfalls zeigt. Die im NDB befindlichen Dispersionsmaxima liegen nun bei 1280 nm für As_2S_3 bzw. 1350 nm für As_2Se_3 und somit in beiden Fällen deutlich innerhalb der jeweiligen Transmissionsfenster. Weiterhin ist das normaldispersive Verhalten bereits bei weitaus größeren Kerndurchmessern gewährleistet (As_2S_3: $d = 610$ nm, As_2Se_3: $d = 490$ nm), wodurch zumindest für As_2S_3 die adiabatisch führbare, langwellige Seite des generierten Superkontinuums auf Werte deutlich oberhalb von 2 µm verschoben wird. Außerdem ist ersichtlich, dass im eingebetteten Fall ein deutlich flacherer Dispersionsverlauf erreicht wird. Der in Quarz eingebettete Chalkogenidkern ist also hinsichtlich der Generation möglichst breitbandiger Spektren gegenüber der freitragenden Chalkogenidfaser zu bevorzugen.

In Summe sind die Vorteile gegenüber PKF aus Quarzglas nur gering. Aufgrund der erforderlichen Dimensionen und der Lage der Dispersionsmaxima deckt sich das nutzbare Wellenlängenfenster weitestgehend mit dem Transmissionsbereich von Quarzglas im nahen Infrarot. Die höhere Nichtlinearität des Chalkogenidglases bleibt jedoch als Vorteil bestehen und rechtfertigt die Verwendung dieser Strukturen in diesem Wellenlängenbereich z. B. zu Miniaturisierungs- und Energieeinsparungszwecken. Für Anwendungen oberhalb von 2 µm muss auf PKF-Geometrien aus reinem Chalkogenidglas übergegangen werden. Auf diese Weise kann normaldispersives Verhalten bis in den mittleren Infrarotbereich erzeugt werden, wie Abbildung 5.14b am Beispiel von As_2S_3 zeigt.

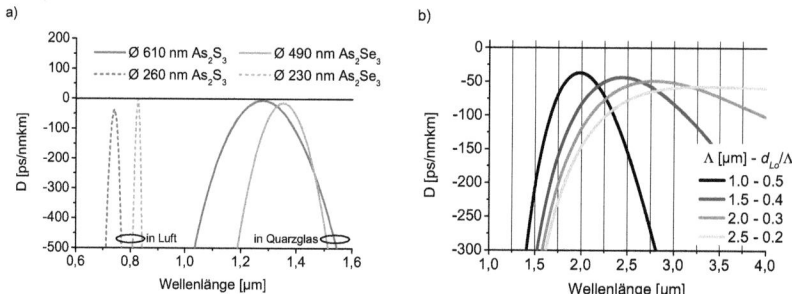

Abb. 5.14: a) GGD normaldispersiver Chalkogenidglasfasern mit Luft bzw. Quarzglas als Fasermantel. b) GGD normaldispersiver PKF-Strukturen aus As_2S_3-Glas.

5.3 Simulation nichtlinearer Pulsausbreitung

5.3.1 Numerisches Modell

Die Simulation der nichtlinearen Pulsausbreitung basiert auf der für das „Free Optics Project" (www.photonics.incubadora.fapesp.br) in Zusammenarbeit von A. Heidt und A. Rieznik entwickelten MATLAB®-Implementierung.

Die verallgemeinerte nichtlineare Schrödingergleichung (VNLSG, Gleichung 2.24, S. 19) wird hierbei unter Verwendung der „Runge-Kutta in the interaction picture"-Integrationsmethode [82] gelöst. Die VNLSG wird komplett im Frequenzraum ausgewertet, um zum einen Ungenauigkeiten aufgrund numerischer Ableitungen zu unterbinden und zum anderen, weil die Berechnungen im Frequenzraum deutlich schneller und effizienter als im Zeitraum stattfinden können. Zur Erhöhung der Rechengeschwindigkeit und zur Gewährleistung einer ausreichenden Genauigkeit findet ein adaptiver Algorithmus zur Festlegung der lokalen Schrittweite Anwendung, welcher auf der Photonenzahl als Erhaltungsgröße der VNLSG basiert [83].

Für das genaue Verhalten der inelastischen Ramanbeiträge in Quarzfasern wurde der analytische Ausdruck und die angegebenen Parameter in

[84] verwendet. Soweit nicht anders angegeben wurde die Frequenzabhängigkeit des nichtlinearen Parameters vernachlässigt. Die Begründung dafür erfolgt in Abschnitt 5.4. Wo Stabilitätseigenschaften zu klären waren, wurde Eingangspulsrauschen über das „one photon per mode"-Modell in die Simulation mit aufgenommen [73].

5.3.2 Auftretende nichtlineare Effekte

Ein grundlegendes Verständnis der zur SKE in NDF beitragenden Prozesse lässt sich sehr gut durch die Verfolgung des Pulses in Spektrogrammdarstellung erlangen. Spektrogramme zeigen die zeitlich-spektrale Verteilung der im Puls enthaltenen Komponenten. Eine entsprechende Pulsentwicklung ist in Abbildung 5.15 am Beispiel einer Nanofaser mit 400 nm Durchmesser, gepumpt bei 400 nm Wellenlänge, zu finden. Zuzüglich zum Spektrogramm ist jeweils eine Projektion in Richtung der Achsen auf den Zeit- bzw. Frequenzraum aufgetragen.

Abbildung 5.15a zeigt den ungechirpten, $sech^2$-förmigen Startpuls der Simulation. In der anfänglichen Phase der Ausbreitung wird die spektrale Verbreiterung durch Selbstphasenmodulation (SPM) hervorgerufen. Das Spektrogramm in Abb. 5.15b zeigt die charakteristische „S"-Form mit einer Rotverschiebung im vorderen und einer Blauverschiebung im hinteren Pulsbereich. Das zugehörige Spektrum weist die typischen Oszillationen auf, welche durch die Interferenz identischer spektraler Komponenten erzeugt werden, die an unterschiedlichen zeitlichen Positionen des Pulses existieren. Da die Faser überall normale Dispersion aufweist, wird der schnellere, rückwärtige Pumpausläufer ω_{Pumpe} des Pulses die blauverschobenen SPM-Komponenten ω_{SPM} letztendlich einholen (Abb. 5.15c) und es kommt zum optischen Wellenbrechen (OWB) [85]. Dieser Begriff ist durch die zeitlich analog beobachtbaren Phänomene bei sich gegenseitig einholenden Wasserwellen unterschiedlicher Geschwindigkeiten geprägt.

Der zeitliche Überlapp zweier Pulskomponenten unterschiedlicher Frequenz führt sowohl zu Interferenzen im zeitlichen Pulsprofil als auch zur

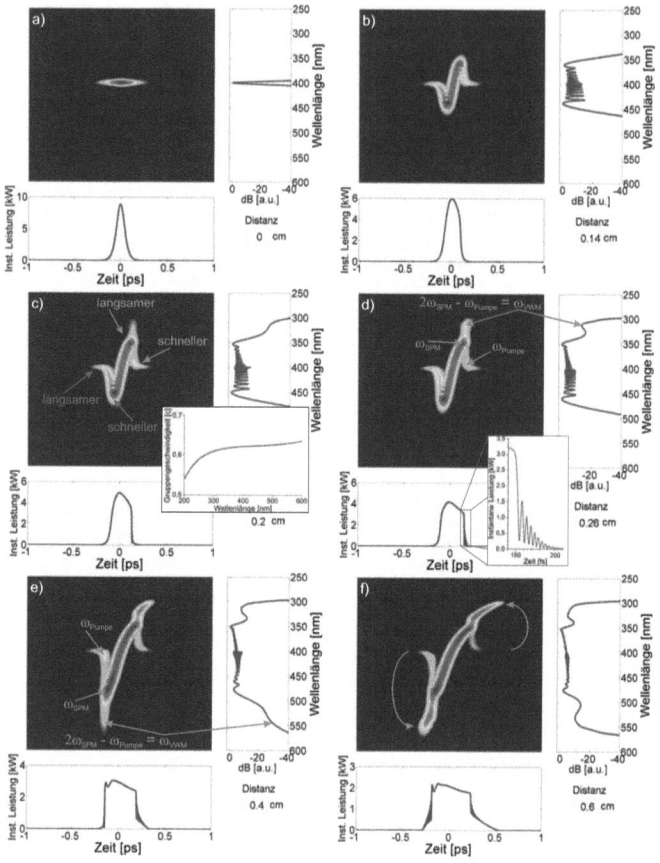

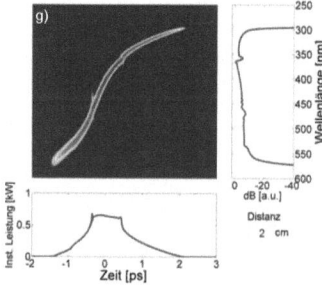

Abb. 5.15: Veranschaulichung der nichtlinearen Pulsausbreitung in vollständig normaldispersiven optischen Fasern. Der Eingangspuls, a), wird via SPM verbreitert, b). Schnelle Pulskomponenten holen langsamere Komponenten ein, c), und es kommt zur VWM, d) und e). Es folgt ein ständiger Energietransfer in VWM-Produkte, f), bis alle Komponenten nach Geschwindigkeit sortiert sind, g). Eine feinere zeitliche Abstufung ist als Daumenkino in der Fußzeile dieses Kapitels abgebildet.

nichtlinearen Erzeugung neuer Frequenzkomponenten ω_{VWM} über degenerierte Vierwellenmischung (VWM) [22, 86] bei

$$\omega_{VWM} = 2\omega_{SPM} - \omega_{Pumpe}. \tag{5.1}$$

Beide Effekte sind in Abbildung 5.15d hervorgehoben. Die SPM-Komponenten um 350 nm und der Pulsausläufer bei 400 nm tragen zur VWM bei. Zusammen generieren sie neue spektrale Komponenten um 320 nm. Nach weiterer Pulsausbreitung findet OWB auch im führenden Bereich des Pulses statt (Abb. 5.15e), wodurch neue langwellige Komponenten um 540 nm entstehen. Der Energietransfer durch VWM vom zentralen Frequenzbereich in die Außenbereiche hält an, solange ein zeitlicher Überlapp verschiedener Frequenzkomponenten existiert (Abb. 5.15g). Letztendlich verbleiben glatte und kontinuierliche, zeitliche und spektrale Verläufe. Da die ablaufenden Prozesse im Endergebnis jeder Wellenlänge eine eineindeutige Position im Puls zuordnen, verbleiben weder im zeitlichen noch im spektralen Profil Interferenzstrukturen.

Eine wichtige Tatsache ist, dass der VWM-Prozess nicht phasenangepasst stattfindet. Der Energieübertrag erfolgt lediglich in dem Augenblick des zeitlichen Zusammentreffens zweier Frequenzkomponenten, welche mit unterschiedlicher Gruppengeschwindigkeit propagieren. Deshalb gibt es keine phasenanpassungsbedingte Einschränkung hinsichtlich der erreichbaren Bandbreite. Sie hängt einzig von der SPM-induzierten Verbreiterung vor dem Einsetzen des OWB ab. Je größer die Trennung zwischen den äußersten SPM-erzeugten Komponenten und der ursprünglichen Pumpwellenlänge bei Einsetzen des OWB ist, desto breiter wird nach (5.1) das finale Spektrum sein. Dies wird durch flache Dispersionskurven, hohe Pumpleistungen oder starke Nichtlinearitäten gefördert.

Weiterhin ist anzumerken, dass das finale Spektrum nicht zwangsläufig einen vergleichbar flachen Intensitätsverlauf wie im demonstrierten Fall besitzen muss. Abbildung 5.16 vergleicht die Spektren, welche in zwei normaldispersiven Nanofasern mit unterschiedlichen Durchmessern bei iden-

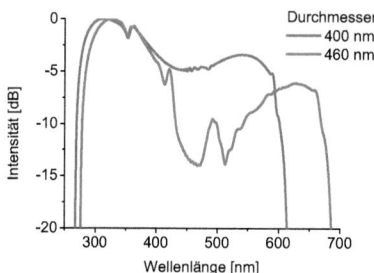

Abb. 5.16: Einfluss der GGD auf die Homogenität der Spektren. Bei Dispersionswerten nahe 0 kann die SPM zu einer Intensitätsverarmung im zentralen Spektralbereich führen (große Faser, maximale GGD von $-30\,\text{ps}/(\text{nm}\,\text{km})$). Mit stärkerer Dispersion kann diesem entgegengewirkt werden (kleine Faser, maximale GGD von $-290\,\text{ps}/(\text{nm}\,\text{km})$).

tischen Pumpparametern erzeugt wurden. Wie zu sehen ist, bildet sich bei der größeren Nanofaser im Zentrum des Spektrums eine intensitätsmäßig verarmte Region aus. Simulationen zeigen, dass dieser Effekt der Separation des Spektrums in zwei Bereiche durch eine extrem stark ausgeprägte SPM hervorgerufen wird. Er wird durch geringe GGD und hohe Intensitäten begünstigt. Verantwortlich für die Separation des Spektrums im dargestellten Fall ist somit die betragsmäßig geringere GGD, welche mit einem Wert von $-30\,\text{ps}/(\text{nm}\,\text{km})$ gegenüber $-290\,\text{ps}/(\text{nm}\,\text{km})$ eine Größenordnung näher an der Nulldispersion liegt. Ein beliebig geringer normaler Dispersionswert, wie er für eine größtmögliche spektrale Breite wünschenswert ist, kann sich somit nachteilig auf die Intensitätsverteilung auswirken. In der Praxis wird man deshalb stets einen Kompromiss zwischen Bandbreite und Homogenität des Spektrums wählen müssen.

5.3.3 Stabilität des Superkontinuums

Zur Bewertung der Stabilität der erzeugbaren Spektren wurde Eingangspulsrauschen in die Simulation mit aufgenommen und die entsprechenden Auswirkungen auf das generierte Spektrum ausgewertet. Abbildung 5.17a zeigt die Spektren von 20 individuellen Simulationen und ein

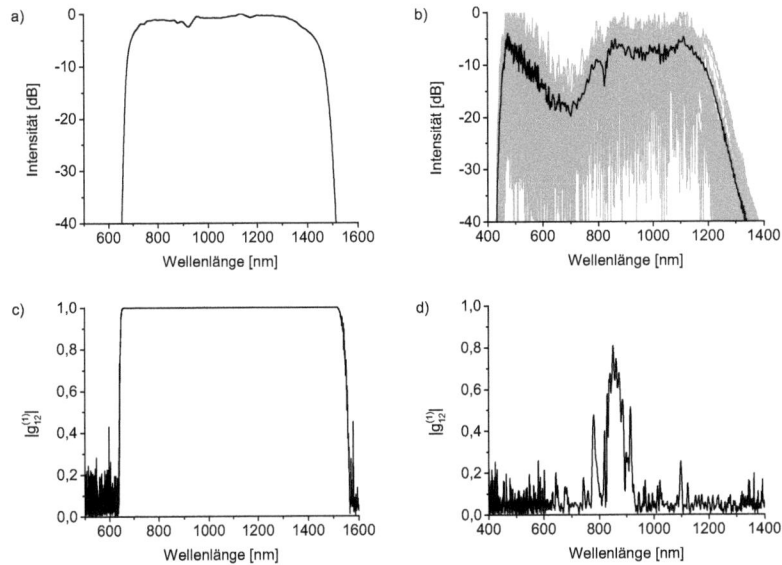

Abb. 5.17: Statistische Eigenschaften der erzeugten Spektren unter Berücksichtigung von Eingangspulsrauschen für Fasern mit 0 NDW in a) und c) und 1 NDW in b) und d). Ein Ensemble von Spektren über 20 Einzelsimulationen und deren Mittelwert ist in a) und b), der Grad der Kohärenz erster Ordnung dieser Ensembles in c) und d) gezeigt.

mittleres Spektrum für eine NDF. Zur Verdeutlichung der extrem hohen Stabilität sind zum Vergleich in Abbildung 5.17b die Einzelspektren und das mittlere Spektrum für eine Faser mit einem klassischen Dispersionsverhalten (1 NDW) gezeigt. Hier bilden die einzelnen Spektren einen deutlichen Hintergrund und sind klar vom mittleren Spektrum zu unterscheiden. Diese Einzelspektren sind in Abb. 5.17a ebenfalls eingezeichnet. Wegen der hohen Stabilität der nichtlinearen Prozesse können sie jedoch nicht vom mittleren Spektrum unterschieden werden.

Zur Bewertung der Puls-zu-Puls Kohärenz wird der Grad der Kohärenz erster Ordnung

$$\left|g_{12}^{(1)}(\lambda, t_1 - t_2)\right| = \left|\frac{\langle E_1(\lambda,t_1) E_2^*(\lambda,t_2)\rangle}{\sqrt{\langle |E_1(\lambda,t_1)|^2\rangle \langle |E_2(\lambda,t_2)|^2\rangle}}\right| \qquad (5.2)$$

ausgewertet. Aus mathematischer Sicht handelt es sich hierbei um eine Korrelationsfunktion. Die spitzen Klammern $\langle\rangle$ stehen hierbei für eine Ensemble-Mittelung. Zur Betrachtung der Wellenlängenabhängigkeit erfolgt die Auswertung der Kohärenz für $t_1 = t_2$. Gleichung 5.2 liefert Werte im Intervall $[0; 1]$, wobei $\left|g_{12}^{(1)}(\lambda)\right| = 1$ für perfekte Kohärenz bzw. Korrelation steht. Dies bedeutet, dass alle betrachteten Pulse identisch sind. Liefert $\left|g_{12}^{(1)}(\lambda)\right| = 0$, besteht keinerlei Korrelation zwischen den Pulsen und jeder Puls ist ein Unikat.

Für die eben angesprochenen Ensembles über 20 Einzelspektren ist der Grad der Kohärenz in Abbildung 5.17c und 5.17d dargestellt. Die hohe Stabilität der Spektren im Fall der NDF spiegelt sich auch in der Kohärenz wieder. Über den gesamten erzeugten Spektralbereich ergibt sich $\left|g_{12}^{(1)}(\lambda)\right| = 1$. Die einzelnen Spektren sind somit perfekt kohärent zueinander. Im Gegensatz dazu liegen die Werte im Fall der klassischen Faser im Mittel bei $\left|g_{12}^{(1)}(\lambda)\right| \approx 0{,}10$. Diese Spektren sind somit kaum zueinander korreliert.

5.3.4 Einfluss der Pumpwellenlänge

In diesem Abschnitt wird die Abhängigkeit der erzeugten spektralen Komponenten von der relativen Lage zwischen Dispersionsmaximum und Pumpwellenlänge näher untersucht. Die betrachtete Geometrie ist eine normaldispersive PKF mit Lochperiode $\Lambda = 1{,}44\,\mu m$ und Lochdurchmesser $d_{Lo} = 0{,}56\,\mu m$. Das Dispersionsmaximum mit einem Wert von $-26\,ps/(nm\,km)$ liegt bei 1008,5 nm. Energie und Länge des Eingangspulses bleiben unverändert und das Spektrum wird nach fester Ausbreitungslänge von 100 mm ausgewertet. Die Ausbreitungslänge wurde so gewählt,

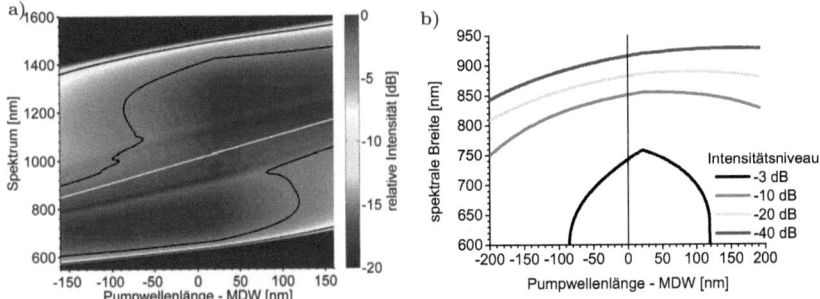

Abb. 5.18: Einfluss der Pumpwellenlänge auf das Superkontinuum. Die erzeugbare, spektrale Verteilung inklusive Konturlinien bei $-3\,\text{dB}$ und $-10\,\text{dB}$ ist in a) gezeigt. Die weiße Linie entspricht der Pumpwellenlänge. Die spektrale Breite auf verschiedenen Intensitätsniveaus ist in b) zu sehen.

dass nachfolgend keine signifikanten spektralen Änderungen mehr auftreten.

Eine Übersicht der erzeugten Spektren in Abhängigkeit von der Pumpwellenlänge ist in Abbildung 5.18a gezeigt. Wie zu erwarten, ist die größte spektrale Breite im Bereich um das Dispersionsmaximum erzeugbar, da die Dispersion hier absolut am geringsten ist und eine zeitliche Verbreitung verbunden mit einem Abfall der Spitzenintensität somit bestmöglich verhindert wird. Betrachtet man die konkreten Breiten auf den jeweiligen Intensitätsniveaus (Abb. 5.18b) fällt wider Erwarten auf, dass die absolut größte Breite nicht beim Pumpen direkt an der MDW, sondern bei leicht langwelligeren Pumppositionen erreicht wird.

Ein genauerer Vergleich der spektralen Entwicklung bei verschiedenen Pumpwellenlängen (Abb. 5.19) offenbart folgende Ursache für dieses Verhalten. Beim Pumpen an der MDW ist deutlich ein zeitlicher Versatz zwischen dem Einsetzen der VWM im kurz- bzw. langwelligen Spektralbereich erkennbar, wobei die VWM zuerst im kurzwelligen und später im langwelligen Bereich einsetzt. Eine Erhöhung der Pumpwellenlänge hat zur Folge, dass die Wellenlängen oberhalb der Pumpwellenlänge mit höherer Dispersion und unterhalb mit geringerer Dispersion als zuvor konfrontiert werden. Somit wird das Einsetzen der VWM für die langwelligen

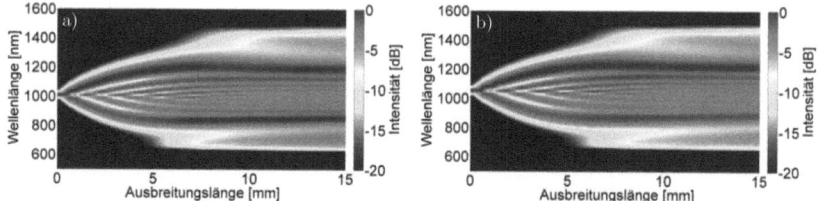

Abb. 5.19: Spektrale Entwicklung beim Pumpen a) direkt an der Position der MDW und b) 44 nm oberhalb der MDW bei maximaler Breite des −10 dB Levels. Ein zeitlicher Abgleich der VWM-Vorgänge führt bei fester Pulsenergie und -länge zur größtmöglichen spektralen Breite.

Komponenten zeitlich vorgezogen und für die kurzwelligen Komponenten hinausgezögert. Der Abstand der Pumpwellenlänge zur langwelligen Kante verringert sich dadurch, während jedoch zeitgleich der Abstand zur kurzwelligen Kante in stärkerem Maß zunimmt, bis in Summe eine maximale Breite erreicht ist. Ein zeitlicher Abgleich der VWM-Vorgänge und damit ein optimiertes Zusammenspiel zwischen SPM und VWM ist somit die Ursache für die Erhöhung der spektralen Breite trotz Vergrößerung der Dispersion bei der Pumpwellenlänge. Eine weitere Erhöhung der Pumpwellenlänge kehrt die zeitliche Reihenfolge der VWM-Vorgänge um, mit der Folge, dass die spektrale Breite wieder abnimmt.

In Bezug auf die −3 dB-Grenze (Abb. 5.18b) zeigt sich ein deutlicher Einbruch ab einem Versatz von ca. 100 nm. Die Wahl der Pumpwellenlänge bzw. die Abstimmung von Faserdesign und Pumpquelle ist somit keineswegs als kritisch anzusehen. Eine ungefähre Anpassung reicht vollkommen aus. Für größere Abweichungen verringert sich die −3 dB-Breite deutlich und es entsteht eine Schulter geringerer spektraler Intensität in Richtung Dispersionsmaximum (Abb. 5.18a). Die −10 dB-Grenzen werden hingegen auch bei weiter entfernten Pumpwellenlängen nur wenig beeinflusst. Kommt es also anstelle einer gleichmäßigen Intensitätsverteilung lediglich auf die Existenz der spektralen Komponenten an, sind auch Fehlanpassungen deutlich über 100 nm tolerierbar.

Weiterhin ist feststellbar, dass sich beide Kanten des Spektrums stets in die gleiche Richtung wie die Pumpwellenlänge verschieben. Dieses Verhalten ist nicht offensichtlich. In der VWM-Phase des Verbreiterungsprozesses hat der Abstand zwischen der Pumpwellenlänge und den extremal erzeugten SPM-Komponenten im Frequenzraum entscheidenden Einfluss auf die Bandbreite (vgl. Gleichung 5.1). Der VWM-Prozess kann also nur dann signifikant zur spektralen Verbreiterung beitragen, wenn zuvor auch dem SPM-Prozess Gelegenheit zur Entfaltung gegeben wurde. Hohe Dispersionswerte beschleunigen jedoch das Einholen von sich im Pulszentrum und in den Pulsausläufern befindlichen Komponenten. Somit wäre es auch denkbar, dass durch Fehlanpassung der Pumpwellenlänge der VWM-Prozess vorzeitig bei geringer SPM-Verbreiterung einsetzt und somit das Spektrum im Vergleich zum Optimum auf beiden Seiten geringer ausfällt. Im Rahmen der simulierten Parameter zeigt sich dieses Verhalten jedoch nicht.

5.3.5 Einfluss von Pulslänge und Pulsenergie

Neben der Pumpwellenlänge sind auch die Pulsenergie E und die Pulslänge Δt (Halbwertszeit) wichtige Eingangsparameter für die Simulation. Abbildung 5.20 zeigt die Veränderungen auf, welche durch Variation dieser beiden Parameter entstehen. Variiert man die Pulsenergie bei konstanter Pulslänge (Abb. 5.20, horizontal), zeigt sich als erstes, dass erwartungsgemäß die spektrale Breite des erzeugten Superkontinuums mit wachsender Pulsenergie ebenfalls zunimmt. Die augenscheinlich unveränderte Geschwindigkeit der Dynamik in allen Teilbildern wird durch die bewusste Skalierung der Achsen verursacht, welche horizontal proportional zu $(E/E_0)^{-0.5}$ skaliert sind. Bei höherer Pulsenergie verringert sich somit die für die nichtlineare Dynamik benötigte Wegstrecke in diesem Verhältnis.

Schaut man auf die Variation der Pulslänge (Abb. 5.20, vertikal) ergibt sich ein ähnliches Bild. Die spektrale Breite nimmt mit abnehmender Pulsdauer zu. Dabei hat eine Pulslängenhalbierung einen vergleichbaren Effekt auf die spektrale Breite wie eine Energieverdopplung. Hinsicht-

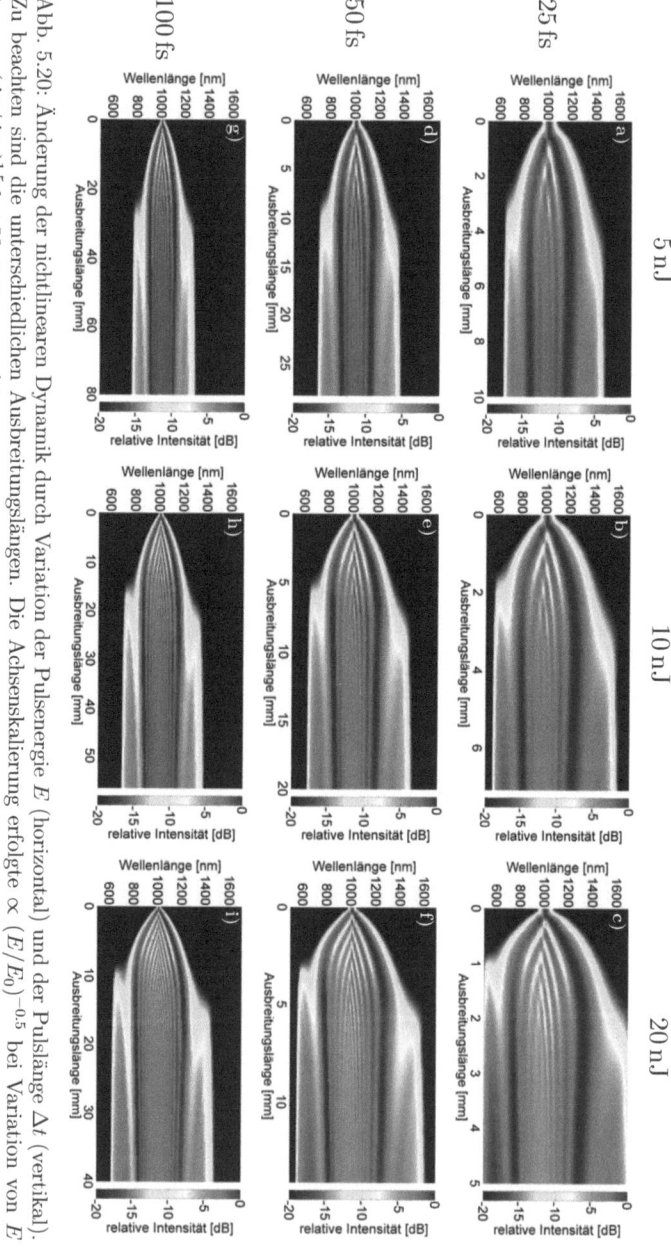

Abb. 5.20: Änderung der nichtlinearen Dynamik durch Variation der Pulsenergie E (horizontal) und der Pulslänge Δt (vertikal). Zu beachten sind die unterschiedlichen Ausbreitungslängen. Die Achsenskalierung erfolgte $\propto (E/E_0)^{-0.5}$ bei Variation von E bzw. $\propto (\Delta t/\Delta t_0)^{1.5}$ bei Variation von Δt.

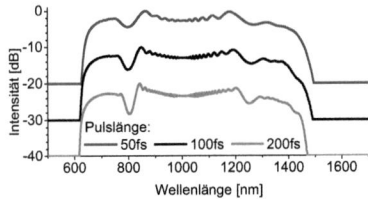

Abb. 5.21: Einfluss der Pulsdauer bei konstanter Spitzenleistung. Die erreichte spektrale Breite ist unverändert. Lediglich die Feinstruktur der Spektren zeigt leichte Veränderungen.

lich der Geschwindigkeit der Dynamik ist jedoch eine andere Abhängigkeit feststellbar. In diesem Fall sind die simulierten Ausbreitungslängen proportional zu $(\Delta t/\Delta t_0)^{1.5}$ skaliert. Die Geschwindigkeit der Dynamik reagiert also deutlich empfindlicher auf die Breite der Eingangspulse als auf deren Energie. Zusammengenommen sind alle Abbildungen bei identischer normierter Länge $L_0 = L \cdot (E/E_0)^{0.5} \cdot (\Delta t/\Delta t_0)^{-1.5}$ dargestellt. Sie wurde hinreichend groß gewählt, sodass die nichtlineare Dynamik abgeschlossen ist und eine weitere Ausbreitung zu keiner signifikanten Änderung des Spektrums führt.

Die in den Abbildungen 5.20 a), e) und i) (Hauptdiagonale) gezeigten spektralen Entwicklungen besitzen alle dieselbe Pulsspitzenleistung bei Simulationsstart und zeigen am Ende ein vergleichbar breites Spektrum. Zur Verdeutlichung sind diese Spektren in Abbildung 5.21 noch einmal gegenübergestellt. Die Pulsspitzenleistung legt somit die erreichbare spektrale Breite fest. Die Pulsenergie und -länge beeinflussen lediglich die Feinstruktur der Spektren und die Geschwindigkeit der Dynamik. Bei gegebener Pulsspitzenleistung begünstigt eine kurze Pulslänge eine geringe Modulation der Spektren im zentralen Bereich.

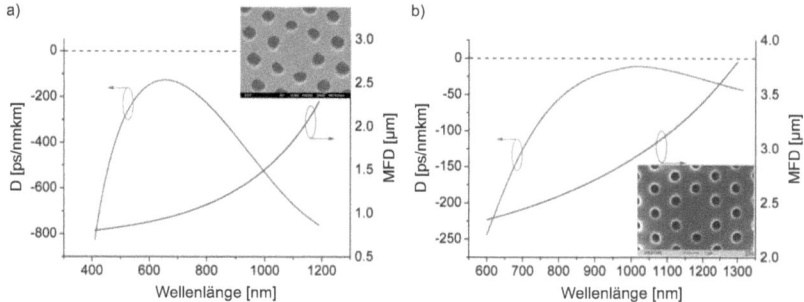

Abb. 5.22: Faserdaten der in den Experimenten verwendeten PKF. a) Berechnete GGD und berechneter MFD für PKF 1 mit $\Lambda = 0{,}67\,\mu\text{m}$ und $d/\Lambda = 0{,}6$. b) Gemessene GGD und berechneter MFD für PKF 2 mit $\Lambda = 1{,}44\,\mu\text{m}$ und $d/\Lambda = 0{,}39$. Die jeweiligen Einsätze zeigen eine Rasterelektronenmikroskopaufnahme des entsprechenden Faserquerschnitts. [30]

5.4 Superkontinuumserzeugung in „photonischer Kristall"-Fasern

Es folgt der Vergleich zwischen Simulation und Experiment für verschiedene Fasergeometrien. Als Pumpquelle für die Experimente wurde ein optisch parametrischer Verstärker OPerA Solo von Coherent verwendet, welcher Pulse mit einer Dauer von 50 fs bei einer Repetitionsrate von 1 kHz liefert. Nach variabler Abschwächung wurden die Pulse unter Verwendung einer asphärischen Linse in die Faser eingekoppelt. Die Zentralwellenlänge wurde an die jeweilige Faser angepasst. Zur Anwendung kamen zwei PKF, deren Daten in Abbildung 5.22 zusammengestellt sind.

PKF 1 (Abb. 5.22a) wurde zur SKE im sichtbaren und nahen Infrarot verwendet [30]. Die Wellenlänge des optisch parametrischen Verstärkers wurde so gewählt, dass sie einmal der Lage des Dispersionsmaximums bei 650 nm und einmal der Wellenlänge eines Titan:Saphir-Lasers von 790 nm entsprach. Aufgrund des kleinen Kerndurchmessers lag die Koppeleffizienz des Lichts vom Freiraum in die Faser lediglich bei 15 % - 20 %.

Abbildung 5.23a zeigt die experimentell aufgenommenen und simulierten Spektren eines 18 cm langen Faserstücks. Interessanterweise scheinen

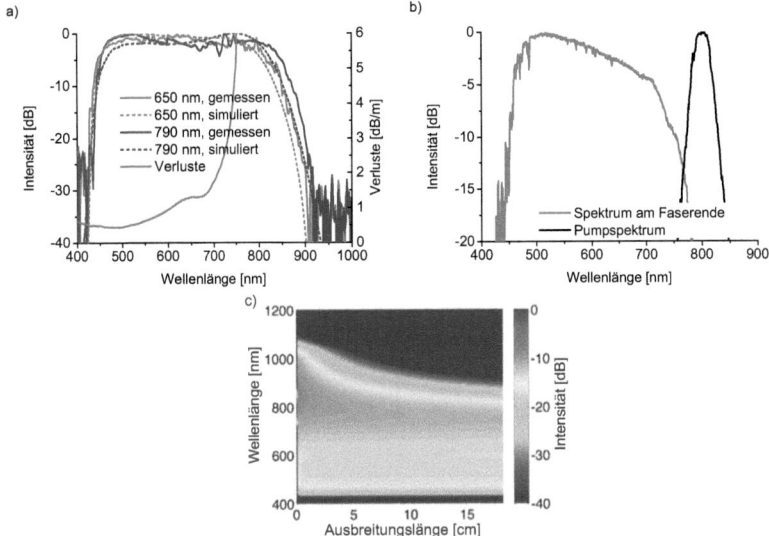

Abb. 5.23: a) Gemessene und simulierte Spektren erzeugt in 18 cm von PKF 1. Die Pulsenergie am Faserende wurde zu 1,1 nJ (650 nm) bzw. 0,9 nJ (790 nm) bestimmt. Experimentell bestimmte Verluste sind auf der rechten Achse aufgetragen. b) Bei einer Faserlänge von 50 cm besitzt das Spektrum keine Anteile des Pumpspektrums bei 790 nm mehr. Die Pulsenergie am Faserende beträgt in diesem Fall 0,6 nJ, c) Simulierte Entwicklung des erzeugten Spektrums. Nach der anfängliche Erzeugung folgt die allmähliche Auslöschung langwelliger Komponenten während der Ausbreitung. [30]

die Spektren nahezu unabhängig von der gewählten Pumpwellenlänge zu sein. Sowohl das mit 650 nm als auch das mit 790 nm Pumpwellenlänge generierte Spektrum reicht von ca. 425 nm bis 900 nm (-20 dB) über mehr als eine Oktave und zeigt jeweils einen sehr flachen Intensitätsverlauf. Die Ähnlichkeit wird durch die exponentiell anwachsenden Verluste oberhalb von 700 nm verursacht, welche die in diesem Bereich erzeugten Komponenten abschwächen. Das ungewöhnliche Verlustprofil erklärt sich durch die Führungsverluste der PKF, welche mit der Wellenlänge anwachsen und in diesem Fall aufgrund der extrem kleinen Strukturen der Faser bereits ab 700 nm deutlich werden. Weiterhin verhindern die hohen Dispersionswerte eine merkliche Verbreiterung zu kürzeren Wellenlängen. In Summe ergeben sich bei beiden Pumpwellenlängen vergleichbare Su-

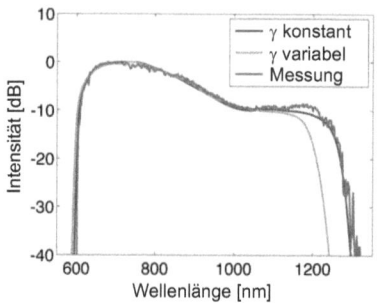

Abb. 5.24: Einfluss des Verhaltens des nichtlinearen Parameters γ - konstant oder wellenlängenabhängig - auf die SKE im Vergleich mit experimentellen Daten für PKF 2 (790 nm, 8 nJ). [30]

perkontinua.

Die Übereinstimmung zwischen Simulation und Experiment ist hervorragend. Das gesamte Verlustprofil wurde in diesem Fall in die Simulation mit einbezogen und leichte Abweichungen zwischen Simulation und Experiment sind auf die Ungenauigkeiten der Verlustmessung speziell im stark verlustbehafteten Bereich zurückzuführen. Außerdem können die hohen Verluste oberhalb von 700 nm zu dem ungewöhnlichen Phänomen führen, dass das Superkontinuum am Faserende keinerlei Anteile der Pumpwellenlänge mehr besitzt, wie in Abbildung 5.23b gezeigt. In diesem Fall wurde die Faser ebenfalls bei 790 nm gepumpt. Im Experiment wurde jedoch ein längeres Stück von 50 cm verwendet.

Die Tatsache, dass das Spektrum auch dann erzeugt wird, wenn man im stark verlustbehafteten Bereich pumpt, zeigt eindeutig, dass die zugrunde liegende nichtlineare Dynamik extrem schnell sein muss. Die numerische Simulation der spektralen Entwicklung in Abbildung 5.23c bestätigt dies. Das Spektrum wird während der Ausbreitung innerhalb der ersten Millimeter erzeugt. Auf der kurzwelligen Seite bleibt es anschließend konstant. Die langwellige Seite geht aufgrund der hohen Verluste zurück. Wird die Faserlänge auf wenige Zentimeter beschränkt, kann ein Spektrum von ca. 400 nm bis 1100 nm erreicht werden.

In Abschnitt 5.3.1 wurde erwähnt, dass bei der Ausführung sämtlicher numerischer Simulationen der nichtlineare Parameter (NLP) mit $\gamma(\omega) = \gamma(\omega_0)$ für alle Wellenlängen als konstant angenommen wurde. Hierbei ist ω_0 die Pumpfrequenz. Da die Frequenzabhängigkeit des NLP hauptsächlich durch eine Variation des effektiven Modenfelddurchmessers (MFD) hervorgerufen wird [22], vernachlässigt diese Annahme eine Änderung des in Abbildung 5.22 ebenfalls gezeigten MFD.

Abbildung 5.24 zeigt den Einfluss eines konstanten bzw. variablen NLP im Vergleich mit experimentellen Daten für PKF 2. Wird die Variation des NLP mit einer rigorosen Behandlung des MFD [78] in der Simulation berücksichtigt, hat dies eine deutliche Unterbewertung der Bandbreite auf der langwelligen Seite um 80 nm bis 100 nm zur Folge. Im Gegensatz dazu stimmt die Simulation mit konstantem NLP hervorragend mit der Messung überein. Im aktuellen Fall ist die kurzwellige Kante auch mit variablem NLP aufgrund der geringen Variation des MFD zwischen 600 nm und 800 nm gut wiedergegeben. Beim Pumpen am Dispersionsmaximum um 1050 nm und dadurch erzeugter, symmetrischer Verbreiterung führt ein variabler NLP neben der Unterbewertung der langwelligen Seite auch zur Überbewertung der kurzwelligen Seite.

Eine mögliche Erklärung liefert folgender Ansatz. Annahme ist, dass die neu erzeugten Wellenlängenkomponenten nicht instantan ihren Gleichgewichts-MFD annehmen, was durch die hohe Geschwindigkeit der nichtlinearen Dynamik ermöglicht wird. Als alternativer MFD bietet sich im aktuellen Fall der MFD der Pumpwellenlängen an. Dies scheint sinnvoll, da zum einen maßgeblich auf dieser Fläche neue Komponenten erzeugt werden, weil hier die Intensität am höchsten ist, und zum anderen die Pumpwellenlänge und somit ihr MFD an allen auftretenden Effekten beteiligt ist. Dies würde erklären, warum die generierten Spektren in der Simulation besser mit dem konstanten MFD der Pumpwellenlänge und somit konstantem NLP reproduziert werden, als mit den Gleichgewichts-MFD aller beteiligten Wellenlängenkomponenten.

In Anbetracht dessen, dass es sich nur um vereinzelte Beispiele handelt und in der Literatur standardmäßig ein variabler NLP verwendet wird, mag es strittig sein, ob in NDF generell mit einem konstanten NLP zu rechnen ist. Dennoch wurde sich aufgrund der offensichtlich besseren Übereinstimmung im Rahmen der Arbeit für diese Vorgehensweise entschieden und auch nicht experimentell verifizierte Simulationen standardmäßig mit konstantem NLP durchgeführt. Für kurze Pumppulse um 50 fs sollte diese Vorgehensweise auch bei anderen NDF vernünftige Resultate erzielen. Mit zunehmender Pulslänge und somit verlangsamter Dynamik kann es jedoch sein, dass den erzeugten Wellenlängenkomponenten hinreichend Zeit zum Erreichen ihres Gleichgewichts-MFD bleibt, nicht mehr alleinig der MFD der Pumpwellenlänge ausschlaggebend ist und somit wieder die Variabilität des NLP berücksichtigt werden muss. Berücksichtigt man eine notwendige Variabilität des NLP nicht, kann es zu einer Überbewertung der langwelligen Seite und einer Unterbewertung der kurzwelligen Seite der generierten Spektren kommen.

5.5 Superkontinuumserzeugung in „aufgehängter Kern"-Fasern

Zur Herstellung einer NDF auf Basis einer AKF war es erforderlich, die vorhandene AKF mit einem noch zu großen Kern über die in Abschnitt 3.3 vorgestellte direkte CO_2-Heizmethode zu tapern und auf diese Weise im Querschnitt zu verkleinern [32]. Zur Verhinderung des Lochkollapses wurde an die Faser während des Taperprozesses 0,8 bar Überdruck angelegt. Dieser Wert wurde aus Gleichung 3.3 abgeleitet. Für die Oberflächenspannung des Glases an der Grenzfläche zur umgebenden Luft wurde der Wert $\sigma = 0{,}3\,\mathrm{N/m}$ angenommen [61, 62]. Die ursprüngliche AKF mit einem Lochradius von ca. 10 µm und einem Kerninkreisdurchmesser von 2000 nm benötigt demnach einen Überdruck von 0,4 bar. Diese Faser wurde um den Faktor 1:3,7 nach unten skaliert, um vollständig normaldispersives Verhalten bei einem Kerninkreisdurchmesser von 540 nm zu erreichen. Unter der Annahme, dass sich die relativen Dimensionen im

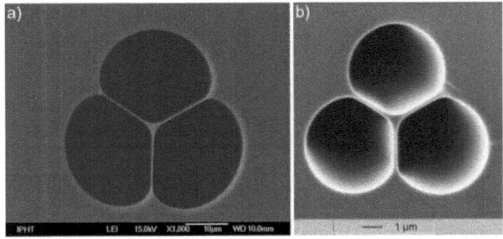

Abb. 5.25: Rasterelektronenmikroskopaufnahme der AKF a) vor und b) nach dem Tapern. [32]

Faserquerschnitt nicht ändern, benötigt die Faser gegen Ende des Ziehprozesses einen Überdruck von 1,3 bar. Mit einem konstanten mittleren Druck von 0,8 bar während des gesamten Prozesses konnte ein zufriedenstellendes Ergebnis erreicht werden. Abbildung 5.25 zeigt Aufnahmen des Faserquerschnitts vor und nach dem Taperprozess und bestätigt, dass die Geometrie gut erhalten blieb.

Die finale Geometrie des AKF-Tapers bestand aus einer 70 mm langen Taille mit ca. 2 mm langen Übergängen an beiden Seiten, an denen sich nochmals ca. 1 mm ungetaperte Faser anschloss. Eine Überprüfung des Adiabatizitätskriteriums (Abschnitt 2.5.1) für die experimentell erzeugten Übergänge bestätigt dessen Einhaltung. Deshalb werden keine zusätzlichen Ausbreitungsverluste aufgrund der Übergänge erwartet. Das transmittierte Licht wurde nach Durchgang durch den AKF-Taper zur Vermeidung weiterer spektraler Änderungen mittels einer Großkernfaser zum Spektrumanalysator geführt.

Der AKF-Taper wurde bei 625 nm in der Nähe des erwarteten Dispersionsmaximums gepumpt. Die höchste messbare Pulsenergie am Taperausgang vor der Zerstörung der eingangsseitigen Faserendfläche lag bei 1,3 nJ. Bei dieser Energie konnten zwei deutlich unterscheidbare Spektren in Abhängigkeit von den Einkoppelbedingungen erzeugt werden (Fall A: Abb. 5.26a,c, Fall B: Abb. 5.26b,d). Als Vergleichsgeometrie für die Simulation dient ein Taper, welcher aus einer Kombination eines führenden 2 mm langen ungetaperten Faserstückes gefolgt von der Tapertaille mit

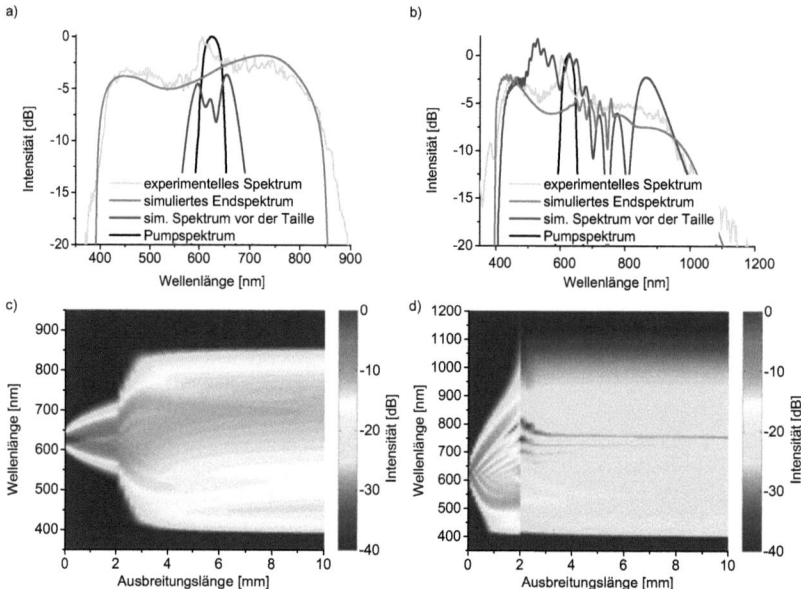

Abb. 5.26: Vergleich experimenteller und simulierter SKE in einem AKF-Taper bei einer eingekoppelten Energie von a,c) 1,3 nJ und b,d) 10 nJ. In a) und b) sind die lokalen Spektren an ausgewählten Positionen entlang der Faser miteinander verglichen. Die simulierten spektralen Entwicklungen sind in c) und d) dargestellt. [32]

reduziertem Kerndurchmesser besteht. Dabei war es ausreichend, von den experimentell verfügbaren 70 mm der Taille lediglich die ersten 10 mm zu simulieren, da die spektrale Verbreiterung nach dieser Wegstrecke bereits abgeschlossen ist (vgl. Abb. 5.26c und 5.26d).

Das experimentelle Spektrum in Abbildung 5.26a (Fall A) stimmt gut mit den Simulationsergebnissen überein, welche von 1,3 nJ im ungetaperten Faserstück und einem kompletten Energietransfer in die Tapertaille ausgehen. Aufgrund der geringen eingekoppelten Energie sind die nichtlinearen Effekte nicht schnell genug, um bereits im kurzen ungetaperten Faserstück signifikante spektrale Änderungen hervorzurufen, wie durch das ebenfalls gezeigte simulierte Spektrum vor dem Eintritt in die Taille (Abb. 5.26a) bzw. durch die simulierte spektrale Evolution (Abb. 5.26c) verdeutlicht wird. Die nichtlinearen Prozesse entfalten sich erst, wenn der

Puls die Tapertaille erreicht, welche einen deutlich kleineren MFD und einen höheren NLP besitzt. Die Verbreiterungsmechanismen sind deswegen maßgeblich durch den normaldispersiven Taillenabschnitt geprägt, in dem SPM und VWM zu einem flachen und glatten Spektrum führen. Das erzeugte Spektrum erstreckt sich von 370 nm bis 895 nm relativ symmetrisch um die Pumpwellenlänge und besitzt somit eine spektrale Breite von 525 nm bzw. 1,27 Oktaven (-20 dB). Die spektrale Überhöhung im Bereich der Pumpe konnte durch Simulationen nicht reproduziert werden. Vermutlich handelt es sich hierbei um Pumpanteile, welche den Taper nicht im Kern sondern im Mantel überwunden haben.

Geht man von einer höheren Pulsenergie um 10 nJ im ungetaperten Faserstück und entsprechenden Verlusten auf 1,3 nJ beim Übergang zur Taille aus, so ergibt sich das experimentelle Spektrum in Abbildung 5.26b (Fall B). Der Wert von 10 nJ entspricht dabei der maximalen Energie, welche durch ein längeres Stück der ungetaperten AKF ohne jeglichen Taperabschnitt transmittiert werden konnte, bevor eine Zerstörung der eingangsseitigen Faserendfläche auftrat. Die hohe Pulsenergie von 10 nJ führt bereits im anfänglichen, ungetaperten Stück zu einer starken Verbreiterung, wie die Simulation der spektralen Entwicklung in Abbildung 5.26d verdeutlicht. Wenn der eingekoppelte Puls die Taille erreicht und Verluste berücksichtigt werden, kommt praktisch sämtliche nichtlineare Dynamik zum Erliegen. Lediglich eine geringe spektrale Glättung via VWM findet noch statt. Deshalb wird in diesem Fall die SKE maßgeblich durch die Eigenschaften der ungetaperten Faser mit ihrer NDW um 780 nm geprägt. Das asymmetrische Spektrum reicht von 350 nm bis 1150 nm (-20 dB). Somit ist es auf der langwelligen Seite merklich breiter, besitzt dort jedoch keine gleichmäßige Intensitätsverteilung.

Der Energieverlust von 10 nJ auf 1,3 nJ im Taperübergang lässt sich durch den Verlust der Führung höherer Moden erklären, da die ungetaperte Faser 13 Moden, die Tapertaille jedoch nur 2 Moden führt. Bei einer angenommenen Gleichverteilung der Intensität über alle Moden würden somit 85 % im Taperübergang verloren gehen, was in etwa dem beobach-

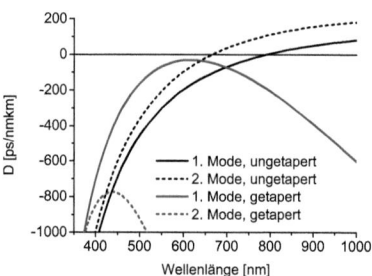

Abb. 5.27: Darstellung der in den verschiedenen Simulationen zur AKF verwendeten Dispersionsprofile.

teten Wert entspricht. Zu bedenken ist jedoch, dass höhere Moden auch eine andere Gruppengeschwindigkeitsdispersion (GGD) als die Grundmode besitzen. Die GGD sowohl der Grundmode als auch der nächsthöheren Mode ist in Abbildung 5.27 dargestellt. Deutliche Unterschiede sind zu erkennen, welche sich selbstverständlich auch auf die ablaufenden, nichtlineare Prozesse auswirken. Eine Simulation der Pulsausbreitung innerhalb der zweiten Mode sowohl im ungetaperten als auch im getaperten Bereich zeigt eine deutlich schlechtere Übereinstimmung bezüglich der experimentellen Ergebnisse als die Simulation auf Basis der Grundmode. Dies legt nahe, dass praktisch nur die GGD der Grundmode für die beobachtete Verbreiterung verantwortlich ist.

In Summe hat es den Anschein, dass im aktuellen Fall zwar die in den höheren Moden propagierende Energie, jedoch nicht deren GGD mit in den Prozess zur SKE eingeht. Zumindest lässt sich mit diesen Annahmen die VNLSG zur Beschreibung der beobachteten Ergebnisse erfolgreich anwenden. Eine gleichzeitige Ausbreitung mehrerer Moden unter Berücksichtigung der einzelnen GGD wird durch die VNLSG nicht beschrieben. An dieser Stelle ist eine weiterführende Theorie erforderlich.

Die experimentellen Ergebnisse zeigen, dass die Nutzbarkeit eines Taperübergangs zum Zweck der Lichteinkopplung in nanoskalige Wellenleiter stark von den experimentellen Parametern wie z. B. der Pulsenergie abhängt. Der verwendete AKF-Taper ist bei geringen Pulsenergien um

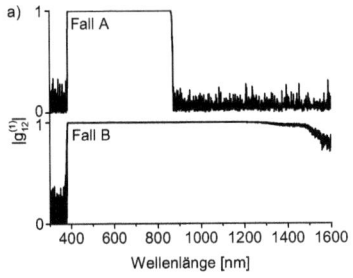 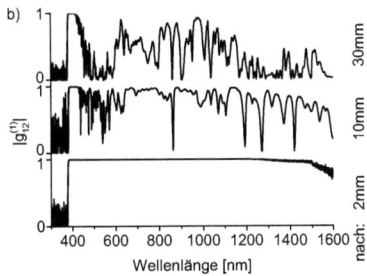

Abb. 5.28: Berechnetes Kohärenzverhalten a) des AKF-Tapers und b) der ungetaperten AKF. Der AKF-Taper zeigt in beiden Fällen A und B trotz teilweise spektraler Komponenten im anomalen Dispersionsbereich eine sehr hohe Kohärenz. Dies ermöglichen die kurzen Ausbreitungsstrecken, wie anhand der ungetaperten AKF deutlich wird. Mit zunehmender Ausbreitungsstrecke verschlechtert sich hier das Kohärenzverhalten.

1 nJ gut verwendbar, versagt jedoch bei höheren Pulsenergien um 10 nJ. Dies ist der nicht optimalen Tapergeometrie zuzuordnen, bei der der Puls sowohl durch ein kurzes Stück ungetaperte Faser propagieren muss, als auch durch einen Taperübergang, welcher länger als erforderlich ist. Da der theoretisch kürzestmögliche, adiabatische Übergang lediglich im Bereich um 10 µm liegt, wäre eine deutlich kürzere Einkoppelgeometrie ohne ungetaperten Abschnitt und mit einem Übergang deutlich unterhalb der verwendeten Länge von 2 mm auch für höhere Energien als 1,3 nJ geeignet.

Die spektrale Verbreiterung vor der Tapertaille kann in gewissem Umfang durch Verwendung längerer Pulse reduziert werden. Wie bereits in Abschnitt 5.3.5 dargestellt, verlangsamt dies die nichtlineare Dynamik und eine längere Ausbreitungsstrecke ist erforderlich, um den Puls vor der Taille spektral zu verbreitern. Die nichtlineare Dynamik wird jedoch auch in der Tapertaille verlangsamt. Da im durchgeführten Experiment nur ein Bruchteil der bereitgestellten Taillenlänge erforderlich war, wird dies als unkritisch eingestuft. Hält man die Spitzenintensität des Pulses trotz zeitlicher Verbreiterung konstant, gibt es keine Einbußen hinsichtlich der erreichbaren spektralen Breite, wie in Abschnitt 5.3.5 gezeigt wurde.

Ein Blick auf die Kohärenz $|g_{12}^{(1)}|$ zeigt, dass sich die spektrale Verbreiterung bis in den anomalen Dispersionsbereich jedoch nicht zwangsläufig negativ auswirkt (Abb. 5.28a). In beiden Fällen besteht eine vergleichbar hohe Kohärenz. Die hohe Kohärenz in Fall A wird dadurch sichergestellt, dass sich sämtliche spektralen Komponenten stets im normalen Dispersionsbereich befinden. Im Fall B werden jedoch auch im anomalen Dispersionsbereich des Einkoppelabschnitts spektrale Komponenten erzeugt, bei denen prinzipiell die Möglichkeit zur Dominanz solitonenbasierter Effekte, verbunden mit einem Verlust der Kohärenz, besteht. Diese treten jedoch erst nach längerer Ausbreitungsstrecke auf.

Zur Verdeutlichung ist für eine ungetaperte AKF in Abbildung 5.28b die Kohärenz für die Startparameter von Fall B nach unterschiedlichen Ausbreitungslängen gezeigt. Nach einer kurzen, dem ungetaperten Abschnitt im Experiment entsprechenden Strecke von 2 mm zeigt sich eine sehr hohe Kohärenz sowohl im normalen als auch im anomalen Dispersionsbereich, welche vergleichbar mit der Kohärenz in einer normaldispersiven Faser ist. Dies resultiert daraus, dass zu Beginn der spektralen Verbreiterung lediglich SPM stattfindet, welche nicht rauschempfindlich ist. Das Kohärenzverhalten ändert sich jedoch drastisch bei längeren Ausbreitungsstrecken von 10 mm und mehr. Hier weist eine deutlich schlechtere Kohärenz darauf hin, dass es inzwischen zum Solitonenzerfall gekommen ist. Zum Erhalt der hohen Kohärenz ist somit nicht die Vermeidung einer spektralen Verbreiterung im Taperübergang, sondern lediglich ein rechtzeitiges Erreichen der normaldispersiven Tapertaille vor dem Auftreten des Solitonenzerfalls notwendig.

Bei vergleichbarer Kohärenz ist das Spektrum in Fall B breiter als in Fall A, besitzt dafür aber eine stärkere Variation in der Intensität. Beide Fälle können je nach Anwendung wünschenswert sein. Ein Taperübergang zur Einkopplung ist somit hinsichtlich möglicher nichtlinearer Effekte nicht nur als Problem zu verstehen, sondern bietet gleichfalls die Möglichkeit der gezielten Nutzung. Wird die Länge des Übergangs auf den Verlauf der nichtlinearen Dynamik abgestimmt, kann diese Dynamik bei einem bestimmten Stand abgebrochen und eingefroren werden. Die sich anschließende Tapertaille erweist sich als Vorteil gegenüber der ausschließlichen Verwendung eines kurzen ungetaperten Faserstücks und dient als spektral glättendes Element. Ein vergleichbarer Glättungseffekt ist bereits aus Untersuchungen zur SKE in Fasertapern bekannt, bei denen sich die Dispersionseigenschaften während der Propagation allmählich von zwei NDW auf null NDW ändern [71].

5.6 Superkontinuumserzeugung im ultravioletten Spektralbereich

Nachdem in den letzten Jahren die prinzipiellen Mechanismen und allgemeinen Grundlagen zur Erzeugung extrem breitbandiger Spektren mit entsprechend positiven Resultaten detailliert untersucht worden sind, rückt zunehmend die SKE für gezielte Spektralbereiche wie z. B. den Ultraviolett-Bereich (UV) in den Vordergrund. Dieser wird u. a. durch potentielle spektroskopische Anwendungen zur Untersuchung der Energiezustände von Elektronen angestrebt.

In Verbindung mit optischen Solitonen werden die kurzwelligen Anteile eines Spektrums durch die phasenangepasste Entstehung von dispersiven Wellen erzeugt [87]. Dabei ist für eine feste Fasergeometrie, welche hinsichtlich der Pumpwellenlänge optimiert ist, eine mögliche Phasenanpassung nur für begrenzte Wellenlängenbereiche gegeben. Die Erzeugung zusätzlicher kurzwelliger Anteile erfordert, dass in fortgeschritteneren Stadien der SKE die Dispersionseigenschaften der Faser nicht mehr hinsichtlich der Pumpwellenlänge, sondern hinsichtlich der lokal vorherrschenden Zentralwellenlänge der Solitonen optimiert sind. Da sich die Zentralwellenlänge einzelner Solitonen während der Ausbreitung kontinuierlich erhöht, ändert sich auch die ideal angepasste Dispersion und somit die Fasergeometrie während der Pulsausbreitung.

Dieses Prinzip wurde anfänglich im ps-Bereich durch die Aneinanderreihung verschiedener Fasern, sogenannten kaskadierten Fasern [88], und später von der gleichen Arbeitsgruppe über sich kontinuierlich ändernde Fasertaper von 5 m Länge [89, 90] umgesetzt. Die Fasern besaßen stets eine NDW. Mit einem faserintegrierten Yb-Pumplaser (1,06 µm Wellenlänge) konnten auf diese Weise Wellenlängen bis hin zu 330 nm erzeugt werden. Dieser Wert stellt die aktuelle Bestmarke dar [78]. Als Nachteil dieser Methode stellten die Autoren fest, dass stets ein Kompromiss zwischen der Ausdehnung in den kurzwelligen Bereich und spektraler Homogenität getroffen werden muss.

Getaperte Fasern mit Übergangslängen im cm-Bereich wurden mit ähnlichen Zielen von anderen Autoren untersucht [91, 92], die Marke von 400 nm konnte jedoch nicht wesentlich unterschritten werden.

Mikrostrukturierte Fasertaper aus PKF mit konstanter Tapertaille wurden von Stark et al. auf ihre Tauglichkeit zur UV-Erweiterung untersucht. Im Fokus stand hierbei eine Konfiguration in der die Ausgangsfaser eine NDW und die Tapertaille zwei NDW besitzt [93, 94]. Mit einer fs-Pumpquelle im Bereich der anomalen Dispersion um 550 nm konnten Wellenlängen knapp unterhalb von 400 nm demonstriert werden.

Im Folgenden wird der Frage nachgegangen, inwiefern auf Basis nanoskaliger optischer Fasern mit normaldispersivem Verhalten die bekannten Bestmarken unterboten werden können. Zunächst wird mit Hilfe von Simulationen das Potential normaldispersiver, nanoskaliger Fasern untersucht. Zur Ausschöpfung dieses Potentials im Experiment ist es erforderlich, den bereitstehenden Pumppuls möglichst ungestört in die Nanofaser einzukoppeln. Wie jedoch in Abschnitt 5.5 deutlich wurde, können bereits in den zur Einkopplung verwendeten Taperübergängen nichtlineare Effekte auftreten und das Endergebnis stark beeinflussen. Aus diesem Grund wird im Anschluss intensiv der Einfluss von Taperübergängen auf die nichtlineare Pulsausbreitung diskutiert, mit dem Ziel, einen möglichst störungsfreien Taperübergang zu ermitteln. Abschließend werden an einer vielversprechenden Geometrie gewonnene, experimentelle Ergebnisse vorgestellt und mit Simulationen verglichen.

5.6.1 Das Potential freitragender und integrierter Nanofasern

Zur Erzeugung möglichst kurzer Wellenlängen ist es selbstverständlich von Vorteil ein kurzwelliges Dispersionsmaximum mit einer kurzwelligen Pumpquelle zu kombinieren. Wie in Abschnitt 5.2 gezeigt, liefern freitragende Nanofasern ein Dispersionsmaximum bei den kürzestmöglichen Wellenlängen, welches je nach Durchmesser im Bereich unterhalb von 490 nm zu finden ist. Mit Dispersionsmaxima bei etwas größeren Wellenlängen zwischen 500 nm und 600 nm können integrierte Nanofasern in AKF-Geometrie dienen. Beide Fasertypen werden im Folgenden miteinander verglichen.

Als fs-Pumpquellen in diesem Wellenlängenbereich kommen auf den ersten Blick frequenzverdoppelte Ti:Saphir-Laser bei 400 nm bzw. Yb-Laser bei 515 nm in Frage. Für die 400 nm Wellenlänge spricht die Eigenschaft, dass sie näher am gewünschten Wellenlängenbereich liegen. Die 515 nm liegen dafür näher am Dispersionsmaximum und lassen eine größere spektrale Verbreiterung erwarten. Rückgreifend auf die in Abschnitt 5.3.4 erarbeiteten Ergebnisse über den Zusammenhang zwischen Pumpwellenlänge und Dispersionsmaximum, wird jedoch sofort deutlich, dass die 400 nm hinsichtlich des angestrebten Ziels, möglichst kurzwellige Komponenten zu erzeugen, eindeutig zu bevorzugen sind. Auch wenn dadurch Einbußen in der insgesamt erreichbaren spektralen Breite zu erwarten sind, so lohnt sich dennoch im Rahmen der untersuchten Abweichung von bis zu 150 nm zwischen Pumpwellenlänge und MDW stets eine Verschiebung der Pumpwellenlänge in Richtung der zu bevorzugenden Seite des Spektrums. Deswegen finden nachfolgende Untersuchungen nur für 400 nm Pumpwellenlänge statt.

Als Vergleichsgeometrien wurden eine Nanofaser mit 450 nm Kerndurchmesser und eine tetragonale AKF mit 500 nm Kerndurchmesser und 50 nm Wandstärke gewählt. Beide Fasern besitzen einen maximalen Dispersionswert von ungefähr $-50\,\text{ps}/(\text{nm}\,\text{km})$, wobei die MDW für die Nanofaser

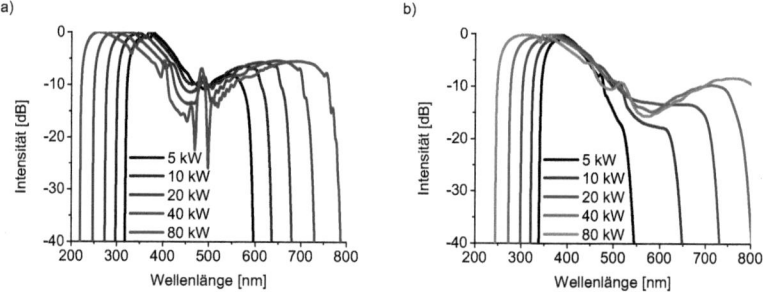

Abb. 5.29: Erzielbare Spektren bei verschiedenen Pulsspitzenleistungen für a) eine Nanofaser mit 450 nm Kerndurchmesser und b) eine AKF mit 500 nm Kerndurchmesser und 50 nm Wandstärke. Die Eingangspulslänge beträgt 100 fs und die entsprechenden Pulsenergien varrieren von ca. 0,5 nJ bis 8 nJ.

bei 440 nm und für die AKF bei 550 nm liegt. In Abbildung 5.29 sind simulierte Spektren für diese Nanofaser und AKF in Abhängigkeit von der Pulsspitzenleistung dargestellt. In Abschnitt 5.3.5 wurde gezeigt, dass dies die bestimmende Größe hinsichtlich der erreichbaren spektralen Breite ist.

Ein Blick auf die Nanofaser verdeutlicht, dass bereits bei moderaten Pulsspitzenleistungen von 5 kW Wellenlängen bis 320 nm (-20 dB) erreicht und damit die aktuellen Rekordwerte (≈ 330 nm) eingestellt bzw. leicht unterboten werden könnten. Für höhere Pulsspitzenleistungen verbreitet sich das Spektrum erwartungsgemäß auf der kurzwelligen wie auch auf der langwelligen Seite. Dabei nähert sich das Spektrum allmählich der Marke von 200 nm an. Wo die praktische Grenze liegt, müssen entsprechende Experimente zeigen. Die in Abschnitt 5.5 aufgezeigten Experimente an einer trigonalen AKF wurden bei Pulsspitzenleistungen von ca. 25 kW durchgeführt. Diese Pulsspitzenleistung würde in der hier betrachteten Nanofaser zu spektralen Komponenten um 270 nm führen und die aktuelle Bestmarke damit deutlich unterbieten.

Die AKF zeigt prinzipiell ein vergleichbares Verhalten. Durch das rotverschobene Dispersionsmaximum verschiebt sich auch das Spektrum in diese Richtung (5.29b). Dadurch reicht bei identischen Pumpparametern die kurzwellige Kante des Spektrums nicht so weit in den UV-Bereich

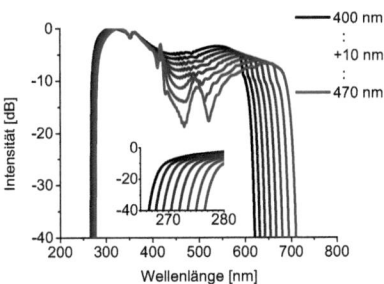

Abb. 5.30: Abhängigkeit der erzeugbaren Spektren vom Durchmesser der Nanofaser. Der Einsatz zeigt eine vergrößerte Darstellung der UV-Kante.

wie bei der Nanofaser. Dennoch sind bei den experimentell demonstrierten 25 kW Wellenlängen bis zu 290 nm erzeugbar. Die aktuelle Bestmarke von 330 nm lässt sich somit auch mit AKF unterbieten. Dem Nachteil der geringeren UV-Verbreiterung im Vergleich zu Nanofasern stehen einige konkrete praktische Vorteile, wie z. B. eine einfachere Herstellung, eine erhöhte mechanische Stabilität und eine inhärente Abschirmung vor Umwelteinflüssen gegenüber. Eine Erhöhung der Anzahl aufhängender Wände von 4 auf 6 zur Annäherung von Kernform und GGD an die der Nanofaser bringt bei der aktuellen Wandstärke von 50 nm keinen signifikanten Vorteil hinsichtlich der UV-Kante. Erst bei Wandstärken unterhalb von 20 nm macht sich in Simulationen die höhere Wandzahl positiv bemerkbar.

Neben der Frage nach dem geeigneteren Fasertyp stellt sich auch die Frage nach der geeigneteren Fasergröße. Sollte der Dispersionsverlauf möglichst nahe an der Nulldispersion liegen oder ist ein möglichst kurzwelliges Dispersionsmaximum zu bevorzugen? Wie z. B. in Abschnitt 5.2.1 gezeigt, sind dies gegensätzlich verlaufende Eigenschaften. Abbildung 5.30 zeigt das Ergebnis der SKE in normaldispersiven Nanofasern unterschiedlichen Durchmessers. Wie erwartet, zeigt die größte Faser mit der geringsten Dispersion das breiteste Spektrum. Hinsichtlich der UV-Kante lohnt sich jedoch die Verwendung einer kleineren Faser (Einsatz in Abb. 5.30). Auch wenn dadurch die Dispersion im gesamten Spektralbereich betragsmäßig

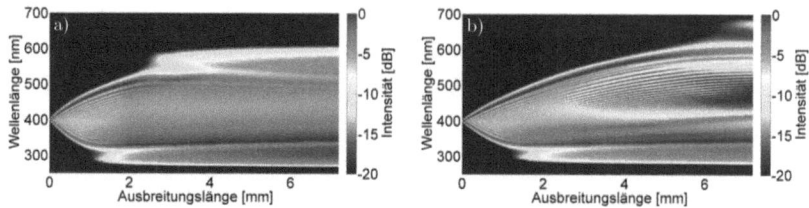

Abb. 5.31: Verlauf der spektralen Entwicklung zur UV-SKE in Nanofasern mit a) 400 nm und b) 470 nm Durchmesser. Pulsparameter: 100 fs, 20 kW.

zunimmt, vergleiche hierzu Abbildung 5.4 auf Seite 69, so wird dennoch nur die IR-Kante negativ davon beeinflusst. Ein Blick auf die spektrale Entwicklung zeigt, dass die VWM aufgrund der höheren Dispersion bei der kleineren Faser erwartungsgemäß früher einsetzt. Bei identischer SPM-Entwicklung würde dies eine Verkürzung sowohl der langwelligen als auch der kurzwelligen Seite des Spektrums bedeuten. Da die SPM jedoch bedingt durch die erhöhte Nichtlinearität der kleineren Faser ebenfalls in gewissem Umfang schneller abläuft, sind beim Einsetzen der VWM an der UV-Kante des Spektrums bereits kurzwelligere SPM-Komponenten entstanden, welche dann gemäß Gleichung 5.1 (S. 81) zu einer erweiterten UV-Verschiebung dieser Kante führen. Auf der langwelligen Seite sind SPM und VWM ebenfalls zeitlich vorgezogen. Hier überwiegt jedoch die zeitliche Änderung des VWM-Starts, wodurch auf dieser Seite des Spektrums ein kleinerer Abstand zwischen den SPM-Komponenten und der Pumpwellenlänge zu einer Reduzierung der spektralen Breite führt.

5.6.2 Nichtlineare Pulsausbreitung in Taperübergängen

Um die soeben ermittelten, potentiellen Bestmarken bezüglich der UV-Wellenlängen experimentell zu erreichen, müssen die für die Pulsausbreitung angenommenen Startparameter auch erfolgreich in die Nanofaser eingekoppelt werden. Die zur Einkopplung verwendeten Taperübergänge haben jedoch normalerweise einen nicht zu vernachlässigenden Einfluss auf die Pulsparameter innerhalb der Nanofaser, wie bereits in Abschnitt 5.5 deutlich wurde. Aus diesem Grund werden im vorliegenden Abschnitt die Möglichkeiten der Pulseinkopplung im Allgemeinen und die Auswirkungen verschiedener Taperübergänge im Speziellen untersucht. Weiterhin wird auf die Herstellbarkeit der ermittelten, zur Pulseinkopplung geeigneten Taperübergänge eingegangen.

Im Gegensatz zu optischen Fasern konventioneller Größe kann die Handhabung von nanoskaligen Fasern nicht mittels der gängigen Methoden und Gerätschaften erfolgen und bedarf deshalb gesonderter Aufmerksamkeit. Oberstes Ziel ist dabei eine möglichst effiziente Einkopplung von Licht, gefolgt von einer hinreichenden zeitlichen Stabilität der physikalischen Eigenschaften. Bezüglich der Lichteinkopplung kann prinzipiell zwischen einer direkten und einer indirekten Vorgehensweise unterschieden werden. Bei Ersterer erfolgt eine Freistrahlkopplung direkt in die Nanofaser und bei Letzterer behilft man sich eines der Nanofaser vorangehenden Taperübergangs zur Anpassung des Freistrahl-MFD an den MFD der Nanofaser.

Je nach Art der Nanofaser – freitragend oder integriert – ist man mit verschiedenen Problemen konfrontiert. Bei freien Nanofasern erfordert eine Freistrahleinkopplung ein Auflegen der Nanofaser auf eine geeignete Unterlage. Die erwünschten Glas-Luft-Führungseigenschaften gehen dabei schnell verloren. „Silica Aerogel", ein Feststoff mit einer typischen Dichte von $0{,}1\,\text{g}/\text{cm}^3$ und einer Materialbrechzahl zwischen 1 und 1,05, bietet eine ernstzunehmende Option, welche bereits in der Literatur erfolgreich demonstriert wurde [95, 96]. Zur mechanischen Fixierung und zur Abschottung vor Umwelteinflüssen kann die Nanofaser anstatt lediglich aufgelegt auch eingebettet werden [96]. Problematisch bleibt jedoch die Langzeitstabilität, da dieses hochporöse Material stark wasseranziehend ist. Dies muss bei der Handhabung und Lagerung stets berücksichtigt werden. Als alternativer Ansatz findet sich niedrigbrechendes Teflon in der Literatur wieder [97, 98]. Mit einer Brechzahl im Bereich 1,30 bis 1,35 ist dessen Einfluss auf die optischen Eigenschaften der Nanofaser jedoch nicht vernachlässigbar.

Die Erstellung eines hochwertigen, glatten Bruchs senkrecht zur Faserachse, welcher zur effizienten Lichteinkopplung unabdingbar ist, bleibt hingegen ein ungelöstes Problem. Somit ist und bleibt ein Taperübergang zur Lichteinkopplung in freitragende Nanofasern zwingend notwendig.

Bei integrierten Nanofasern, sei es in Form von AKF oder PKF, gestaltet sich die Sachlage etwas anders. Die Erfahrung hat gezeigt, dass trotz hoher Luftanteile im Fasermantel die gängigen Bruchmethoden und -vorrichtungen ohne Anpassung übernommen werden können. Da die Berührung des äußeren Fasermantels keinen Einfluss auf den Kern hat, ist eine mechanische Halterung ebenfalls problemlos möglich. Eine Freistrahleinkopplung ist somit prinzipiell denkbar. Zur Erhöhung der Einkoppeleffizienz bleibt die Verwendung eines modenfeldanpassenden Taperübergangs jedoch erstrebenswert.

Deshalb wird nachfolgend die Anwendbarkeit von Taperübergängen für die Einkopplung von fs-Pulsen in Nanofasern untersucht. Im Vordergrund steht dabei, den Einfluss des Taperübergangs weitestgehend zu minimieren und somit die bereitstehenden Eigenschaften des Pumppulses bestmöglich in die Nanofaser zu überführen. Die Beschränkung auf adiabatische Übergänge ist sowohl für freitragende als auch integrierte Nanofasern sinnvoll. Nur auf diese Weise kann die Erhaltung der Pulsenergie in der Grundmode während der Ausbreitung entlang des Taperübergangs garantiert werden.

Die Betrachtungen erfolgen anhand einer freitragenden Nanofaser und basieren auf der kommerziell erhältlichen und bei 400 nm einmodigen Faser S-405HP von Nufern (2,5 µm Kerndurchmesser, 0,115 numerische Apertur). Prinzipiell ist auch die Verwendung großkerniger, multimodiger Fasern denkbar. Dabei wird die Problematik jedoch durch längere Taperübergänge und Moden höherer Ordnung weiter verschärft.

Hinsichtlich der Form des Übergangs werden drei ausgewählte Profile miteinander verglichen, wobei alle Profile dem Adiabatizitätskriterium 2.27 (S. 23) genügen. Bei den Profilen handelt es sich um das kürzeste

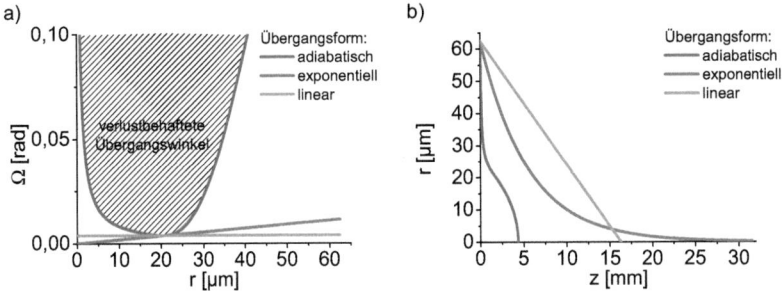

Abb. 5.32: Eigenschaften der betrachteten Taperübergänge. Die lokalen Übergangswinkel $\Omega = \arctan\left(\frac{dr}{dz}\right)$ sind in a) dargestellt. Alle Winkel-Radius-Kombinationen oberhalb der grünen Linie sind verlustbehaftet, was eine Kopplung der Grundmode zur höheren Mode HE_{12} impliziert. Die sich aus den Winkeln $\Omega(r)$ ergebene Übergangsform $r(z)$ bei einer Radiusänderung von 62,5 µm zu 0,2 µm Faserradius ist in b) gezeigt.

exponentielle, das kürzeste lineare und das insgesamt kürzeste Profil. Zur sprachlichen Vereinfachung wird nachfolgend, obwohl alle Profile adiabatisch sind, von einem exponentiellen, einem linearen und einem adiabatischen Profil gesprochen.

Die Auswahl der Profile ist durch den unterschiedlich zu betreibenden Aufwand bei ihrer Herstellung begründet. Am einfachsten lässt sich das exponentielle Profil erstellen, welches bei Verwendung einer festen Heizzonenlänge über den gesamten Taperprozess entsteht. Ein lineares Profil entsteht bei linearer Variation der Heizzonenlänge mit $\alpha = -0.5$ in Gleichung 2.34 in Abschnitt 2.5. Für das adiabatische Profil kann kein analytischer Zusammenhang zwischen der Heizzonenlänge und der gezogenen Taperlänge angegeben werden.

Abbildung 5.32a verdeutlicht in welcher Relation die jeweiligen Profile zu dem Adiabatizitätskriterium stehen. Der Winkelverlauf $\Omega(r)$ des adiabatischen Profils entspricht exakt dem Adiabatizitätskriterium 2.27 im Fall der Identität. Steilere Winkel würden zu einem Energieübertrag von der Grund- in die höhere Mode HE_{12} führen. Das lineare und das exponentielle Profil haben einen deutlich flacheren Winkelverlauf und sind so angepasst, dass das Adiabatizitätskriterium genau an einem Punkt aus-

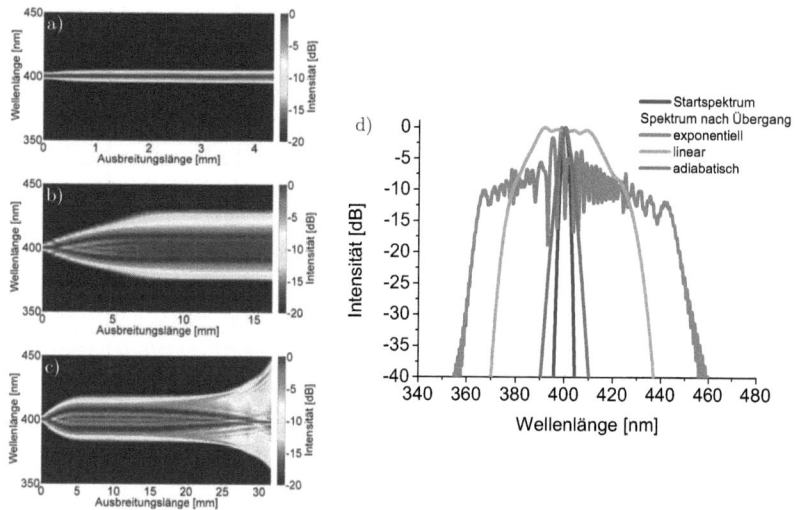

Abb. 5.33: Spektrale Entwicklung entlang des a) adiabatischen, b) linearen und c) exponentiellen Übergangs. Die Endspektren und das Anfangsspektrum sind in d) miteinander verglichen.

gereizt wird. Eine weitere Verkürzung der Profile hätte zwangsläufig eine Verletzung des Adiabatizitätskriteriums zur Folge. Die sich aus den Winkelverläufen ergebenen Profile sind in Abbildung 5.32b dargestellt. In der Gesamtlänge zeigen sich deutliche Unterschiede. So ist das exponentielle Profil mit 31,6 mm mehr als sieben Mal so lang wie das adiabatische Profil mit 4,3 mm.

Die nichtlineare Pulsausbreitung in diesen Profilen ist in Abbildung 5.33 gezeigt. Der Eingangspuls hat in allen Fällen eine Pulsspitzenleistung von 47 kW (5 nJ, 100 fs). Die im Folgenden getroffenen Aussagen sind jedoch auch für andere, vergleichbare Pulsparameter gültig. Tendenziell bleiben die Parameter längerer Pulse besser erhalten, da dann die nichtlineare Dynamik langsamer abläuft (vgl. Abschnitt 5.3.5) und nach gegebener Übergangslänge noch nicht so weit fortgeschritten ist.

Abbildungen 5.33a-c zeigen die spektrale Entwicklung entlang des Übergangs für die drei gewählten Profile, während in Abbildung 5.33d die Spektren am Ende der jeweiligen Taperübergänge dem am Übergangsanfang gegenübergestellt sind. Beim adiabatischen Profil (Abb. 5.33a) zeigt sich nur eine geringfügige Änderung während der Pulsausbreitung. Dieses Profil ist somit hervorragend geeignet, die im Freiraum vorhandenen Pulsparameter in die Nanofaser zu überführen.

Beim linearen Profil (Abb. 5.33b) hingegen ist von Beginn an eine spektrale Verbreiterung durch SPM zu erkennen, welche das Spektrum von anfänglich 2 nm (−3 dB) auf 27 nm verbreitert. SPM kommt zum Tragen, solange die Grundmode im Faserkern geführt wird. Sie kommt zum erliegen, sobald die Grundmode den Faserkern verlässt und die anfängliche Kern-Mantel-Führung in eine Mantel-Luft-Führung übergeht. Die dadurch hervorgerufene Expansion des Modenfeldes lässt den nichtlinearen Parameter um bis zu 2 Größenordnungen absinken (Abb. 5.34a), mit den entsprechenden Auswirkungen auf etwaige nichtlineare Effekte. Der nanoskalige Abschnitt des linearen Übergangs, in dem der nichtlineare Parameter wieder beachtliche Werte erreicht, ist hinreichend kurz, sodass dort keine weitere nichtlineare Dynamik stattfindet. Da die SPM auch in der Nanofaser ein gewünschter Effekt ist, ist dieses Profil allein deshalb nicht zwangsläufig als untauglich einzustufen. Aus spektraler Sicht ist das lineare Profil somit zur Pulseinkopplung geeignet.

Das exponentielle Profil (Abb. 5.33c) zeigt zusätzlich zu den Effekten des linearen Profils auch im nanoskaligen Teil des Übergangs Auswirkungen auf das Spektrum, da dieser sich über mehrere Millimeter erstreckt. Das Ergebnis ist ein breites und stark moduliertes Spektrum. Somit ist das exponentielle Profil nicht zur Pulseinkopplung geeignet.

Neben den spektralen Auswirkungen sind selbstverständlich auch die zeitlichen Auswirkungen der Übergänge auf die Pulse von Bedeutung. Ein Blick auf die Pulsform nach Durchlaufen des Übergangs verrät wenig über eine potentielle Eignung zur Pulseinkopplung. Das lineare und das exponentielle Profil lassen zwar Abweichungen vom anfänglichen sech^2-Verlauf erkennen, die Variationen halten sich dennoch in Grenzen und deren Auswirkungen auf die nachfolgende nichtlineare Dynamik in der Nanofaser sind schwer abzuschätzen. Deutlich aussagekräftiger ist hinge-

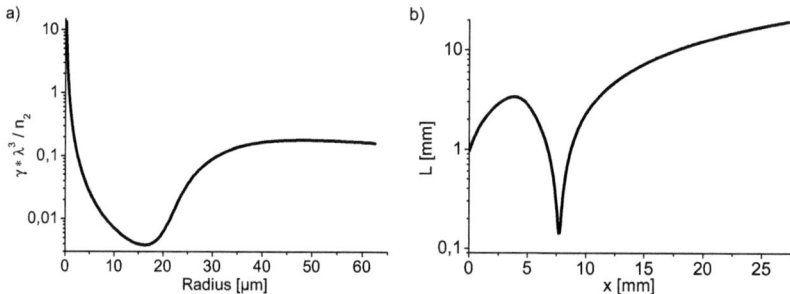

Abb. 5.34: a) Änderung des normierten, nichtlinearen Parameters γ in Abhängigkeit vom Faserradius r. b) Änderung der effektiven Heizzonenlänge L in Abhängigkeit von der gezogenen Länge x während des Taperziehprozesses zur Erzeugung eines kürzestmöglichen, adiabatischen Taperübergangs.

gen die verbliebene Pulsspitzenleistung, da diese ja bekanntermaßen die finale spektrale Breite bestimmt. Wie Simulationen zeigen, verbleiben von den ursprünglichen 47 kW nach dem adiabatischen Profil immerhin noch 35 kW, nach dem linearen und dem exponentiellen Profil jedoch lediglich 8,3 kW bzw. 6,3 kW. Demnach schneidet der lineare Übergang vergleichbar schlecht ab wie der exponentielle Übergang.

Für die betrachteten Profile wurde das Adiabatizitätskriterium hinsichtlich einer möglichen Kopplung zwischen der Grundmode HE_{11} und der nächsthöheren Mode gleicher azimutaler Symmetrie HE_{12} ausgewertet. Dieser Sachverhalt kann dann als gültig angesehen werden, wenn die Rotationssymmetrie der Faser während des Tapervorgangs erhalten bleibt. Für eine ein- oder zweiseitige Erhitzung der Faser während des Taperns ist dies nicht immer selbstverständlich. Für leicht deformierte, nicht ideal rotationssymmetrische Profile fordert das Adiabatizitätskriterium für die zur HE_{11} nächstgelegenen Mode, z. B. TE_{01}, flachere und damit längere Taperübergänge. Im Endeffekt verstärkt dies die aufgezeigten Einflüsse auf die Pulse. Unter Berücksichtigung des Adiabatizitätskriteriums zur TE_{01} fallen die Pulsspitzenleistungen je nach Profil auf 30 kW, 5,1 kW bzw. 3,8 kW.

Auch wenn es sich hier lediglich um ein konkretes Faserbeispiel handelt, so gelten die profilspezifischen Probleme weitestgehend unabhängig von den Parametern der Ausgangsfaser, ein massives Design ohne Luftanteile vorausgesetzt. Das lineare Profil wird stets aufgrund seiner vergleichsweise geringen, anfänglichen Durchmesserreduzierung zur SPM im Faserkern führen. Ebenfalls werden beim exponentiellen Profil wegen seiner geringen Durchmesserreduzierung gegen Ende des Taperübergangs nichtlineare Effekte in diesem Bereich unvermeidlich sein. Diese beiden kritischen Bereiche müssen schnellstmöglich überwunden werden. Diese Anforderung korreliert exakt mit den Bestrebungen des kürzesten adiabatischen Profils, weshalb dieses aus theoretischer Sicht den besten Kandidaten zur Überführung von ultrakurzen Pulsen in Nanofasern darstellt.

Das Problematische am adiabatischen Profil ist seine schwierige Umsetzbarkeit. Dies wird nicht erst während der Herstellung sondern bereits bei der Berechnung der notwendigen Prozessführung (Abschnitt 2.5.2, Gleichung 2.35, „Rückwärtsproblem") deutlich. Berechnet man auf Grundlage des angestrebten adiabatischen Profils für eine Taillenlänge von 20 mm den Verlauf der Heizzonenlänge $L(x)$ während des Ziehprozesses, erhält man das in Abbildung 5.34b gezeigte Resultat. Das problematische an diesem Verlauf ist, dass zu einem bestimmten Zeitpunkt des Ziehprozesses, wenn die steilen Winkel kurz vor Erreichen der Taille generiert werden, eine effektive Heizzonenlänge zwischen 100 µm und 200 µm erforderlich ist. Diese Forderung liegt damit an der unteren Grenze sinnvoll einsetzbarer Fokusdurchmesser der Laserstrahlen, welche zum Aufheizen der Faser verwendet werden. Deutlich kleinere Durchmesser sind aufgrund der Anfangsgröße der Faser von 125 µm nicht einsetzbar, da diese dann nicht mehr homogen über ihren Querschnitt erhitzt wird.

Zur Umsetzung des Konzeptes einer effektiv homogenen Heizzone, auf dem der Abschnitt 2.5.2 Formgebung basiert, sollte deren Ausdehnung jedoch eine Größenordnung über der des real erhitzten Faserabschnittes sein. Dies wiederum impliziert einen Durchmesser für den Strahlfokus im Bereich von 10 µm bis 20 µm, welcher aufgrund der anfänglichen Fasergröße nicht sinnvoll einsetzbar ist. Auf den üblichen Wegen lässt sich das adiabatische Profil somit nicht realisieren. Auch andere Taillenlängen oder gestreckte, adiabatische Profile können diese Fehlanpassung von einer Größenordnung nicht überwinden. Weiterhin ist dieses Problem unabhängig von der Ausgangsfaser und tritt immer bei der Herstellung kürzestmöglicher adiabatischer Profile für freitragende Nanofasern auf.

Auf der Suche nach einem Ausweg wurden diverse abgeflachte und verlängerte Varianten das adiabatischen Profils untersucht. Letztendlich ergab sich jedoch kein Profil, welches sowohl den Anforderungen der Prozessführung als auch denen der Pulsausbreitung gerecht wurde. Die Hoffnung lag u. a. auf der Kombination eines anfänglich adiabatisch und abschließend linear verlaufenden Übergangs. Der adiabatische Teil kann hinreichend schnell die großen Durchmesser überbrücken und der linear Teil hatte sich in den obigen Betrachtungen im unteren Durchmesserbereich als unkritisch erwiesen. Es ergab sich jedoch keine zufriedenstellende Kombination. Stets war das Profil in Summe noch zu steil zur Herstellung oder schlechter geeignet als das oben diskutierte, durchgehend lineare Profil. Dieses zeigt nämlich im unteren Durchmesserbereich nur deswegen keine spektralen Änderungen, weil die Pulsspitzenleistung bereits entsprechend tief gefallen ist. Wird dieser Faserabschnitt früher bzw. mit höherer Pulsspitzenleistung durchlaufen, treten dort ebenfalls deutliche nichtlineare Effekte auf.

Eventuell lässt sich über folgenden Weg eine Möglichkeit zur Herstellung des adiabatischen Profils finden. Das in Abschnitt 2.5.2 vorgestellte Konzept ist streng auf symmetrische Taper beschränkt, was bedeutet, dass beide an die Taille angrenzenden Taperübergänge die gleiche Form haben. Die Form des zweiten Übergangs ist jedoch völlig unbedeutend, vorausgesetzt die Taille ist hinreichend lang und die nichtlineare Dynamik vor Erreichen des zweiten Übergangs bereits abgeschlossen. Er dient lediglich zum Anschluss der Nanofaser an eine nachgeschaltete Transportfaser. Für asymmetrische Taper existiert bislang jedoch kein vergleichbares mathematisches Modell. So kann z. B. neben der Länge der Heizzone die zentrale Position der Heizzone als zusätzlich variierbarer Parameter eingeführt werden, um asymmetrische Taper zu generieren. Vielleicht kann auf diese Weise eine umsetzbare Prozessführung erhalten werden.

Solange kein überzeugendes Konzept zur Realisierung eines adiabatischen Profils für freitragende Nanofasern existiert, bleibt nur der Alternativweg über integrierte Nanofasern. Dieser Ansatz wurde zumindest für die Superkontinuumserzeugung im Sichtbaren und nahen Infrarot bereits erfolgreich demonstriert (vgl. Abschnitt 5.5).

Im Gegensatz zu freitragenden Nanofasern ergibt sich folgendes Bild. Ein Blick auf das Ende des adiabatischen Profils (Abb. 5.32b, S. 109) verrät, dass die letzten 5 µm im Durchmesser auf weniger als 50 µm Übergangslänge überwunden werden. Auch wenn diese konkreten Werte für freitragende Nanofasern berechnet wurden, so gelten für integrierte Nanofasern, insbesondere „aufgehängter Kern"-Fasern, aufgrund ähnlicher Geometrieverhältnisse vergleichbare Werte. Durch Verwendung von integrierten Nanofasern reduziert man somit das Problem auf die Überbrückung dieses kurzen Abschnitts. Durch den bereits in der ungetaperten Faser vorherrschenden, großen Modenabstand sind für einen adiabatischen Taperübergang stets entsprechend kurze Längen ausreichend.

Ein Übergang von 50 µm Länge ist zwar nicht erzeugbar, aber die Notwendigkeit zur Erzeugung des kürzesten adiabatischen Profils ist in diesem Fall auch nicht gegeben. Der experimentell kürzeste Übergang entspricht dem halben Fokusdurchmesser des CO_2-Lasers mit aktuell $d/2 \approx$ 200 µm. Realisiert man Übergänge in dieser Größenordnung, welche somit die kürzeste adiabatische Form deutlich übersteigen, kann man sicher sein, dass diese Übergänge (formunabhängig) ebenfalls adiabatisch sind. Aufgrund der immer noch vergleichsweise kurzen Gesamtlänge haben solche Übergänge in Simulationen eine hervorragende Eignung zur Einkopplung von fs-Pulsen demonstriert.

Das auf normaldispersiven Fasern basierende Konzept zur SKE im ultravioletten Spektralbereich verspricht im Rahmen der untersuchten Geometrien und Parameter nur in Verbindung mit integrierten Nanofasern ernstzunehmende Fortschritte hinsichtlich aktueller Literaturwerte. Unter

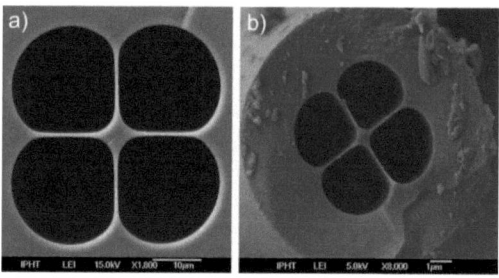

Abb. 5.35: Rasterelektronenmikroskopaufnahmen der tetragonalen AKF a) vor und b) nach dem Tapern.

Verwendung einer AKF gewonnene, experimentelle Ergebnisse werden im folgenden Abschnitt präsentiert. Entsprechende Experimente an freitragenden Nanofasern sind auf Grundlage der vorgestellten Abschätzungen nicht erfolgversprechend.

5.6.3 Experimentelle Ergebnisse

Experimentelle Arbeiten zur SKE im UV-Bereich erfolgten an einer tetragonalen AKF, bei der der Kern an vier Wänden aufgehängt ist. Die zur Verfügung stehende Faser ist in Abbildung 5.35a gezeigt. Sie besitzt einen Kerninkreisdurchmesser $d = 5090\,\text{nm}$ und eine Wandstärke $w = 740\,\text{nm}$. Ausgehend von dieser Geometrie wird normaldispersives Verhalten ab einer Skalierung auf ca. 10,5 % erreicht, weshalb die Faser auf diese Größe getapert wurde. Der Querschnitt eines getaperten Faserabschnitts ist in Abbildung 5.35b gezeigt. Der anfängliche Lochdurchmesser $d_{Lo} = 25\,\mu\text{m}$ erfordert zur Kompensation der Oberflächenspannung nach Gleichung 3.3 (S. 38) einen Überdruck von 0,24 bar. Entsprechend sind 2,3 bar für die getaperte Faser erforderlich. Der Taperprozesses wurde mit einem mittleren, konstanten Überdruck von 1,2 bar durchgeführt.

Weiterhin wurde eine möglichst kurze Geometrie vor der zur SKE ausgenutzten Tapertaille realisiert, wie Abbildung 5.36 verdeutlicht. Vor dem nanoskaligen Kernabschnitt befinden sich nur ca. 100 µm ungetaperte Faser und ca. 300 µm Taperübergang. Eine Überprüfung des Adiabatizitäts-

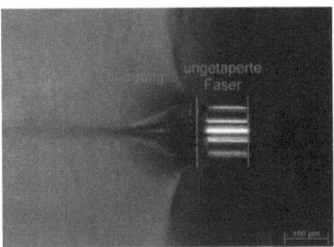

Abb. 5.36: Lichtmikroskopaufnahme der Einkoppelgeometrie der tetragonalen AKF. Die Endfläche der ungetaperten Faser steht rund 100 µm über einen Objektträger hervor, auf dem sowohl der Taperübergang als auch die Tapertaille mit Kleber fixiert sind. Die einzelnen Faserabschnitte sind zur besseren Orientierung gekennzeichnet. Die gesamte Einkoppelgeometrie vor der Tapertaille ist nur wenige hundert Mikrometer lang.

kriteriums zeigt, dass diese Übergangslänge zur Energieerhaltung in der Grundmode ausreichend ist. Die Tapertaille war ca. 30 mm lang. Hinter dem Taper befanden sich noch ca. 0,5 m ungetaperte AKF zur Lichtführung zum Spektrenanalysator.

Als Pumpquelle wurde ein optisch-parametrischer Verstärker verwendet, welcher 50 fs-Pulse bei einer Repetitionsrate von 1 kHz lieferte. Nach variabler Abschwächung und unter Verwendung einer asphärischen Linse konnten, gemessen am Faserausgang, Pulse mit einer Energie von bis zu 7 nJ in ein ungetapertes Faserstück eingekoppelt werden, bevor eine Zerstörung der eingangsseitigen Faserendfläche auftrat. Bei gleicher Vorgehensweise konnten nach der Taperkonfiguration Pulsenergien um 0,45 nJ gemessen werden. Das bei dieser Energie generierte Spektrum ist in Abbildung 5.37a (schwarz) zu sehen. Es reicht von 370 nm bis 550 nm (−20 dB). Somit konnten im Vergleich zu den auf der trigonalen AKF basierenden Ergebnissen aus Abschnitt 5.5 wesentlich kürzere Wellenlängen erreicht und die SKE in diesem Wellenlängenbereich unter Verwendung normaldispersiver Fasern demonstriert werden. Die starken Intensitätsschwankungen zwischen 450 nm und 500 nm sind auf Fluktuationen im Pumpsystem zurückzuführen. Eine zugehörige Simulation des generierten Spektrums auf Grundlage der experimentellen Pulsparameter zeigt Ab-

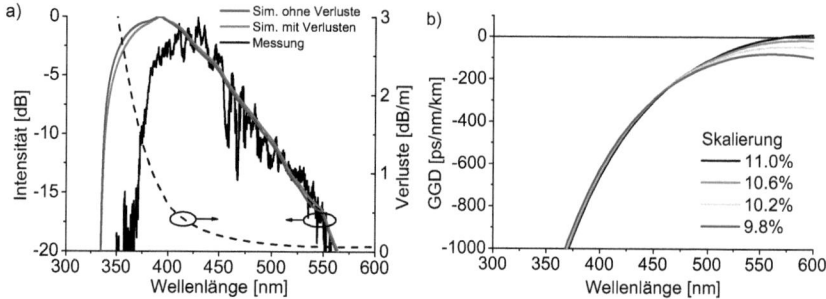

Abb. 5.37: a) Vergleich von Experiment und Simulation zur SKE im ultravioletten Spektralbereich. Auf Grundlage der experimentellen Parameter kann mittels Simulationen lediglich die langwellige Seite reproduziert werden. Auf der kurzwelligen Seite zeigen sich hingegen deutliche Unterschiede. Weiterhin sind die Verluste der ungetaperten AKF abgebildet. b) GGD der getaperten AKF bei verschiedenen Skalierungen.

bildung 5.37a ebenfalls (blau). Auf der langwelligen Seite des Spektrums stimmt die Simulation sehr gut mit den experimentellen Werten überein. Die Simulation zeigt jedoch im Detail eine deutlich stärker verschobene kurzwellige Kante.

Zunächst scheinen mehrere Möglichkeiten für diese Diskrepanz infrage zu kommen. So berücksichtigt die angesprochene Simulation z. B. keine Ausbreitungsverluste oder den Einfluss des Einkoppelabschnitts vor der Tapertaille. Auch besteht eine gewisse Unsicherheit hinsichtlich der tatsächlich vorherrschenden Geometrie in der Tapertaille und des damit zugrundeliegenden Dispersionsverhaltens. Ob diese Einflüsse Ursache der aufgezeigten Diskrepanz sein können, wird im Folgenden diskutiert.

Zur Untersuchung des Einflusses der Ausbreitungsverluste wurden diese in die Simulation mit aufgenommen. Eine Messung der Ausbreitungsverluste der ungetaperten AKF zeigt Abbildung 5.37a (gestrichelt). Wie zu erkennen ist, steigen die Verluste im strittigen Wellenlängenbereich unterhalb von 400 nm deutlich an. Die Einbeziehung dieser Verluste in die Simulation resultiert jedoch in keinem nennenswerten Effekt, wie Abbildung 5.37a (grün) ebenfalls zeigt. Dies legen auch die konkreten Verlustwerte nahe. Der Verlustwert von 3 dB/m bei 350 nm Wellenlänge kann eine Differenz von ca. 20 dB zwischen Simulation und Experiment nach 0,5 m Faser nicht überbrücken.

Die Ausbreitungsverluste der ungetaperten AKF müssen jedoch nicht unbedingt mit denen des getaperten Faserabschnittes übereinstimmen. So ist es z. B. denkbar, dass durch die stärkere Konfrontation des geführten Lichts mit der nie ganz perfekten Glas-Luft-Grenzfläche entlang der Tapertaille höhere Verluste als in der ungetaperten AKF gegenwärtig sind, welche die nichtlineare Pulsausbreitung beeinflussen. Deshalb wurde versucht, durch eine geeignete Skalierung der Verluste der ungetaperten AKF im Bereich des Tapers die kurzwellige Kante des Spektrums nachzubilden. Eine deutlich bessere, wenn auch nicht vollständige Angleichung der kurzwelligen Kante kann durch eine Verlustüberhöhung um den Faktor 100, dies resultiert in Verlustwerten in der Größenordnung von 100 dB/m, erreicht werden. An dieser Stelle zeigt sich jedoch ein anderes Problem. Zur Beibehaltung der gemessen Ausgangsenergie trotz Dämpfung innerhalb der Faser ist in diesem Fall eine um ca. den Faktor 2 höhere Eingangsenergie erforderlich. Dies beeinflusst wiederum die langwellige Kante des Spektrums, welche sich hin zu längeren Wellenlängen verschiebt. Dieses Problem ist unabhängig von den konkret vorherrschenden Verlusten. Sobald Verluste für das Fehlen der kurzwelligen Anteile des Spektrums verantwortlich gemacht werden, erfordert dies automatisch eine höhere Eingangsenergie, was wiederum zu zusätzlichen Abweichungen im langwelligen Spektralbereich führt. Deshalb können etwaige Ausbreitungsverluste nicht sinnvoll für die Abweichungen zwischen Messung und Simulation verantwortlich gemacht werden. Abgesehen davon scheint die erforderliche Verlustskalierung nicht angemessen.

Die mit abweichenden Geometrieskalierungen verbundenen Dispersionsprofile sind in Abbildung 5.37b gezeigt. Im Rahmen des in Frage kommenden Skalierungsbereiches zeigt sich eine deutliche Bewegung des Dispersionsmaximums einschließlich der gesamten langwelligen Seite der GGD. Im kurzwelligen Bereich unterhalb von 450 nm sind jedoch nur geringe Änderungen im Dispersionsverhalten festzustellen, was auch nur zu geringfügigen Änderungen in den Simulationen führt. Die simulierte kurzwellige Kante des Spektrums kann somit nicht im erforderlichen Maß durch eine abweichende Geometrie beeinflusst werden.

Desweiteren wurde der Einfluss der 400 µm langen Einkoppelstrecke näher betrachtet. So wurde in diesem Abschnitt z. B. die maximale, in die ungetaperte AKF einkoppelbare Pulsenergie von 7 nJ angenommen. Im Ergebnis zeigt sich jedoch, dass diese Strecke deutlich zu kurz ist, um auf Grundlage sinnvoller Pulsparameter einen signifikanten Einfluss auf das Endergebnis zu haben.

Geht man davon aus, dass alle Simulationsparameter den experimentellen Gegebenheiten entsprechen, so könnte eine abfallende Empfindlichkeit des Spektrenanalysators bei den kurzen Wellenlängen die Unterschiede erklären. Nominell ist der Spektrenanalysator für Wellenlängen bis 350 nm ausgelegt. Die diskutierten Abweichungen befinden sich somit am Rand des Messbereichs.

Insgesamt konnten extrem kurze und mit NDF bisher noch nicht erreichte Wellenlängen erzeugt werden. Die theoretisch vorhergesagte Erzeugung von Wellenlängen unterhalb 300 nm wurde aufgrund der insgesamt zu geringen Pulsenergie nicht realisiert. Lediglich 6,4 % der in die Faser eingekoppelten Energie gelangte durch die Tapertaille. Im Vergleich dazu konnten bei der trigonalen AKF in Abschnitt 5.5 13 % der in die Faser eingekoppelten Energie die Taperstruktur passieren. In beiden Fällen sind die Verluste sowohl auf die Verletzung der Adiabatizität als auch auf den Verlust der Führung für höhere Moden zurückzuführen.

Der größere transmittierte Anteil bei der trigonalen AKF gibt Ansatzpunkte zur Optimierung der SKE im UV-Bereich. Der Kerndurchmesser der ungetaperten, trigonalen AKF liegt mit 2 µm deutlich unterhalb dem der tetragonalen AKF mit 5 µm. Somit könnte zum einen eine angepasste, ungetaperte, tetragonale AKF mit kleinerem Kern hilfreich sein. Da auf diese Weise von Beginn an weniger Moden angeregt werden können, ist es denkbar, dass ein größerer Anteil der eingekoppelten Energie in der Grundmode propagiert und den Taper verlustfrei passiert. Zum anderen ist der Taperübergang der trigonalen AKF deutlich länger und somit ohne gezielte Absicht auch für einen Teil der höheren Moden adiabatisch gewesen. Der größere Transmissionswert kann somit auch durch die verlustfreie Ausbreitung höherer Moden hervorgerufen sein. Eine Gestaltung des Taperübergangs in Hinblick auf eine adiabatische Ausbreitung aller von der Taille geführten Moden kann deshalb ebenfalls die in der Tapertaille erreichbare Pulsenergie positiv beeinflussen.

5.7 Kompression der Superkontinuumspulse

Eine potentielle Anwendung der SKE in normaldispersiven Fasern ist die Erzeugung sehr kurzer optischer Pulse, welche nur wenige Zyklen des elektromagnetischen Feldes beinhalten. Diese sind für eine große Anzahl von Anwendungen wie zeitaufgelösten Studien zu fundamentalen Prozessen in der Physik, der Chemie und der Biologie [99] unverzichtbar. Die Verwendung hochenergetischer Pulse mit wenigen Zyklen ermöglicht z. B. die Erzeugung hoher Harmonischer und Attosekundenpulsen [100], was zu neuen Anwendungen führt, wie Studien der auf einer Attosekunden-Zeitskala stattfindenden Prozesse [101] oder Untersuchungen zu Bandstrukturen in Halbleitern mittels Photoelektronenspektroskopie [102].

Eine erste Demonstration der Komprimierbarkeit in normaldispersiven Fasern erzeugter Superkontinua, welche auch als Nachweis für die guten Kohärenzeigenschaften angesehen werden kann, erfolgte an einem 1,7 mm langen Stück von PKF 2 (vgl. Abb. 5.22b), gepumpt mit einem Ti:Saphir-Oszillator (800 nm, 15 fs, 1,7 nJ), an der sich ein ausschließlich reflektiver Strahlengang mit einem gechirpten Gitterkompressor zur Kompensation des in der Faser induzierten linearen Chirps anschloss [33]. Der komprimierte Puls wurde mit einem SPIDER-Aufbau (spectral phase interferometry for direct electric-field reconstruction) vermessen. Das erzeugte Spektrum ist zusammen mit der Phase des komprimierten Pulses in Ab-

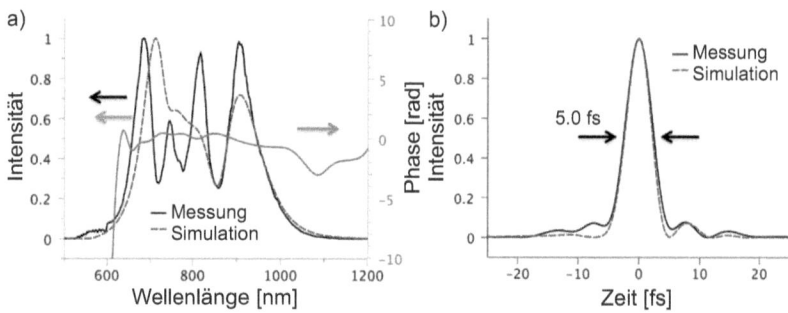

Abb. 5.38: a) Gemessenes Spektrum bei 1,7 nJ Pulsenergie im Vergleich mit der Simulation und gemessene spektrale Phase. b) Rekonstruierte Einhüllende des Pulses und entsprechende Simulation. [33]

bildung 5.38a gezeigt. Das Spektrum besitzt mit einem Wellenlängenbereich von 530 nm bis 1100 nm eine Bandbreite von über einer Oktave und stimmt gut mit der Simulation überein. Die gemessene Phasenverteilung nach der Pulskompression ist über große Bereiche des Spektrums sehr flach. Lediglich unterhalb von 650 nm können die Gitter aufgrund ihres begrenzten Designbereichs (650 nm bis 1250 nm) die Phase nicht angemessen kompensieren. Der rekonstruierte Puls ist in Abbildung 5.38b gezeigt, besitzt eine Halbwertsbreite von 5,0 fs und zeigt eine hervorragende Qualität bezüglich der Vor- und Nachpulse. Der Hauptpuls besitzt 80 % der Energie in einem Zeitintervall von ±5 fs. Weiterhin stimmt die Messung gut mit der Simulation überein, welche aus dem simulierten Spektrum in Abb. 5.38a durch Kompensation der quadratischen Phase erhalten wurde. Weitere Details zu diesem Experiment sind in [33] und [73] zu finden. Eine Erweiterung des Aufbaus zur Kompensation der Dispersion höherer Ordnung führte zur Erzeugung qualitativ hochwertiger 3,6 fs-Pulse (1,3 optische Zyklen). Mit einem Wert von über -14 dB konnten dabei neue Bestmarken in Bezug auf den Kontrast zu Vor- und Nachpulsen aufgestellt werden [103]. Dies verdeutlicht nochmals die besonderen Möglichkeiten, welche sich aus der SKE in NDF ergeben.

6 Zusammenfassung und Ausblick

Im Rahmen der vorliegenden Arbeit wurde das physikalische Verständnis nanoskaliger optischer Fasern vertieft. Dabei wurde insbesondere auf die optischen Führungseigenschaften eingegangen, wobei in diesem Zusammenhang auch die Eigenschaften von Taperübergängen von besonderer Relevanz sind. Als Anwendungsfall nanoskaliger optischer Fasern wurde die Superkontinuumserzeugung unter Nutzung der speziellen Dispersionseigenschaften diskutiert.

Bezüglich des schwellwertartigen Führungsverhaltens optischer Nanofasern wurde das für mikroskalige Fasertaper bekannte Adiabatizitätskriterium zur Unterbindung des Energietransfers von der Grundmode in höhere Moden adaptiert und auf die Gegebenheiten der Grundmode einer Nanofaser angepasst. Dies resultierte in einer Diskussion, inwiefern beliebig schwache kegelförmige Abweichungen von der theoretisch perfekten Zylindersymmetrie zu einem Energietransfer von der Grundmode in Strahlungsmoden führt.

Als Ursache für das schwellwertartige Führungsverhalten konnte identifiziert werden, dass die Differenz der Ausbreitungskonstanten der Grundmode der Nanofaser und dem Kontinuum der Strahlungsmoden unterhalb eines bestimmten Faserdurchmessers rasant über viele Größenordnungen abfällt. In gleichem Umfang müssten zur Unterbindung der Modenkopplung die experimentell bedingten Abweichungen von der Zylindersymmetrie sinken. Da in der Praxis die Herstellung optischer Nanofasern bereits an der Grenze technologischer Möglichkeiten betrieben wird und eine weitere, Größenordnungen übergreifende Reduzierung von Inhomogenitäten kaum möglich ist, brechen die Führungseigenschaften stets bei vergleichbaren Faserdurchmessern $d \approx \lambda/4$ ein. Dieser Grenzdurchmesser konnte auch experimentell bestätigt werden.

Zur weiteren Untermauerung des schwellwertartigen Verhaltens wurden diverse, aus der Verteilung des elektromagnetischen Feldes resultierende Eigenschaften wie z. B. die Intensität im Faserzentrum, der Modenfelddurchmesser (MFD) oder der nichtlineare Parameter näher betrachtet. Interessanterweise treten sämtliche Extremwerte vor Erreichen des Grenzdurchmessers auf, sodass diesbezüglich keine Notwendigkeit für Nanofasern mit wesentlich kleineren Durchmessern besteht und die Genauigkeit aktueller Herstellungsverfahren ausreichend ist. In der Umgebung des Grenzdurchmessers zeigen sich jeweils Variationen über viele Größenordnungen.

Im Hinblick auf einen potentiellen Einsatz nanoskaliger Fasern in optischen Komponenten und Systemen ist neben dem kleinsten praktischen Führungsdurchmesser auch die stärkste Feldlokalisierung von Interesse. Hier zeigte sich, dass der kleinste, erreichbare MFD bei $d_{MF} = 0{,}71\lambda$ liegt. Kleinere Modenfelder sind auf Basis von Quarzglas nicht einstellbar. Weiterführende Arbeiten in Richtung nanoskaliger Faseroptik sollten sich deshalb mit der Erzeugung möglichst kleiner Modenfelder entweder auf Basis höherer dielektrischer Brechzahlsprünge oder metallbeschichteter Nanofasern (Stichwort Plasmonik) beschäftigen.

Neben der Vertiefung des Verständnisses hinsichtlich der Führungseigenschaften nanoskaliger Fasern erfolgte erstmalig die theoretische Behandlung und experimentelle Demonstration sowohl kohärenter und pulserhaltender als auch oktavübergreifender Superkontinuumserzeugung (SKE) auf Basis normaldispersiver optischer Fasern.

Zunächst zeigte eine Designstudie, dass normaldispersives Verhalten nicht nur in zylindersymmetrischen Quarzglasfäden (freitragende Nanofasern) erzeugt werden kann, sondern dass auch abgewandelte nanoskalige Wellenleiter basierend auf mikrostrukturierten Fasern (integrierte Nanofasern), mit hohem Luftanteil im Bereich des den Kern umgebenden Mantels, dazu in der Lage sind. Das in diesen Fällen im Mantel verbleibende Glasmaterial besitzt einen merklichen Einfluss auf die effektiv wirksame numerische Apertur, sodass sich ein abgewandeltes, aber dennoch normales Dispersionsverhalten einstellt. In Summe ergänzen sich sämtliche untersuchten Geometrien hinsichtlich ihrer Dispersionseigenschaften, wodurch das gesamte Transmissionsfenster von Quarzglas abgedeckt wird. In diesem Bereich lässt sich jede gewünschte Pumpwellenlänge effektiv nutzen.

An diese Designstudie schlossen sich umfangreiche numerische Simulationen an. Hinsichtlich der Fragestellung nach den zur spektralen Verbreiterung beitragenden, nichtlinearen Effekten konnte geklärt werden, dass lediglich Selbstphasenmodulation gefolgt von degenerierter Vierwellenmischung zum Gesamtprozess beiträgt. Die nichtlineare Dynamik kommt zum Erliegen, sobald sämtliche spektralen Komponenten der Geschwindigkeit nach sortiert sind. Im Ergebnis zeigt sich eine eineindeutige spektralzeitliche Zuordnung, was bedeutet, dass weder im Frequenz- noch im Zeitraum interferenzbedingte Intensitätsschwankungen auftreten. Weiterhin bleibt ein einzelner Puls im Zeitbereich bestehen und im Frequenzbereich ergibt sich eine homogene Intensitätsverteilung mit Schwankungen von nur wenigen dB.

Hinsichtlich der Stabilität der Spektren in Bezug auf Eingangspulsrauschen konnte gezeigt werden, dass mehrere Einzelspektren sowohl untereinander als auch bezüglich des mittleren Spektrums nicht zu unterscheiden sind. Dies steht im deutlichen Gegensatz zur klassischen Weise der faserbasierten SKE. Diese Aussage der Ununterscheidbarkeit konnte auch durch den Grad der Kohärenz erster Ordnung $|g^{(1)}|$ belegt werden, welcher dem Ensemble von Spektren im gesamten Spektralbereich mit $|g^{(1)}| = 1$ praktisch perfekte Korrelation bescheinigt.

Weiterhin konnten die tendenziellen Einflüsse diverser Parameter wie der Lagebeziehung zwischen Pumpwellenlänge und Dispersionsmaximum, der Pulsspitzenleistung oder der anfänglichen Pulsform geklärt werden.

Durchgeführte Experimente an drei unterschiedlichen Fasergeometrien, welche sowohl den sichtbaren Spektralbereich als auch das nahe Infrarot betrafen, zeigten eine hervorragende spektrale Übereinstimmung mit diesbezüglichen Simulationen. Als bemerkenswertes Detail stellte sich heraus, dass im Gegensatz zur üblichen Vorgehensweise bei Simulationen zur nichtlinearen Pulsausbreitung eine deutlich bessere Übereinstimmung mit den Experimenten bei Vernachlässigung der Frequenzabhängigkeit des MFD erzielt wird. Ursache hierfür sind die erforderlichen, extrem kurzen Weglängen. In der Regel sind die nichtlinearen Prozesse bereits nach wenigen Millimetern abgeschlossen. Die einzelnen Frequenzkomponenten propagieren deshalb nicht auf ihrem Gleichgewichts-MFD, sondern stets auf dem MFD der Pumpwellenlänge.

Die Überprüfung der prinzipiellen Eignung nanoskaliger Fasergeometrien zur SKE im Ultraviolett zeigt, dass durchaus Wellenlängen unterhalb 300 nm erreichbar sind. Dies würde bei einer experimentellen Umsetzung eine neue Bestmarke setzen. Weiterhin wurde gezeigt, dass aktuell kein geeignetes Konzept zur Erstellung der erforderlichen, adiabatischen Taperübergänge zur effizienten Lichteinkopplung in freitragende Nanofasern existiert. Bekannte Herstellungsverfahren sind dazu nicht in der Lage. Die für die SKE im Ultraviolett vielversprechenden Eigenschaften freitragender Nanofasern sind deshalb zurzeit nicht zugänglich, weshalb auf integrierte Nanofasern zurückgegriffen werden muss. Begleitende Experimente demonstrierten die SKE in diesem kurzwelligen Bereich, erreichten jedoch aufgrund der insgesamt zu geringen transmittierten Pulsenergie die angestrebten Wellenlängen nicht. Zur Erhöhung der einkoppelbaren Pulsenergie sind weitere Geometrieoptimierungen erforderlich. Denkbare Konzepte wurden angesprochen.

Darüber hinaus existiert noch eine Vielzahl von weiteren, interessanten Fragestellungen, die SKE in normaldispersiven Fasern betreffend. So stellt sich z. B. die Frage, inwiefern das für den Ultrakurzpulsbereich diskutierte und bestätigte Konzept für Pikosekundenpulse ebenfalls Bestand hat. Dadurch wären deutlich einfachere und preislich attraktivere Pumpsysteme einsetzbar. Qualitative Änderungen hinsichtlich der identifizierten Prozesse werden nicht erwartet. Unter dem Blickwinkel, dass eine Beibehaltung der Spitzenintensität erforderlich ist, wird die termische Beständigkeit der optischen Faser eine beliebige Erhöhung der Pulslänge verhindern. Außerdem ist bekannt, dass bei der klassischen SKE mit wachsender Puls- und Propagationslänge das durch spontane Ramanstreuung induzierte Rauschen zunimmt. Somit ist es denkbar, dass ein vergleichbares Verhalten auch bei der SKE in normaldispersiven Fasern die Kohärenzeigenschaften negativ beeinflusst.

Weiterhin sollte auf diese Weise die Beobachtung hinsichtlich des nicht variierenden MFD erneut adressiert werden. Aufgrund der langen Pulse und der dadurch erforderlichen Propagationslängen im Dezimeter-Bereich haben die jeweiligen Frequenzkomponenten eventuell hinreichend Zeit zum Annehmen ihres Gleichgewichts-MFD, sodass eine entsprechende Berücksichtigung in den Simulationen erforderlich ist.

Während im Ultrakurzpulsbereich die hinreichend kurzen und geraden Faserabschnitte den eingekoppelten Polarisationszustand nicht wesentlich beeinträchtigen, ist es für den langpulsigen Bereich sinnvoll, sich mit der Problematik polarisationserhaltender nanoskaliger Fasern zu beschäftigen.

Sämtliche durchgeführten Dispersionsuntersuchungen beschränkten sich auf die Grundmode. Hinsichtlich der klassischen SKE wurden aber auch bereits gezielt in höheren Moden durchgeführte Experimente erfolgreich demonstriert [104]. Durch Ausnutzung höherer Moden kann eventuell ein vergleichbares Dispersionsverhalten bei größeren (mikroskaligen) und somit robusteren und einfacher handhabbareren Strukturen erlangt werden.

Weiterhin von Interesse ist das Verhalten zweier oder mehrerer kopropagierender Pulse in normaldispersiven Fasern. Vielleicht lässt sich ein weiterer Vierwellenmischprozess anstoßen, welcher zu einer zusätzlichen spektralen Verbreiterung beiträgt.

Letztendlich ist die SKE nicht auf Quarzglas beschränkt. Wie bereits angedeutet, lässt sich auch in hoch nichtlinearen Gläsern normaldispersives Verhalten einstellen. Pulserhaltende und kohärente SKE sollte somit auch im nahen und mittleren Infrarot möglich sein.

Literatur

[1] K. Kao and G. Hockham, "Dielectric-fibre surface waveguides for optical frequencies," *Proceedings of the Institution of Electrical Engineers - London*, vol. 113, no. 7, pp. 1151–1158, 1966.

[2] L. Tong, R. Gattass, J. Ashcom, S. He, J. Lou, M. Shen, I. Maxwell, and E. Mazur, "Subwavelength-diameter silica wires for low-loss optical wave guiding," *Nature*, vol. 426, pp. 816–819, DEC 18 2003.

[3] L. Tong and M. Sumetsky, *Subwavelength and Nanometer Diameter Optical Fibers*. Hangzhou: Zhejiang University Press, 2010.

[4] J. Jackle and K. Kawasaki, "Intrinsic roughness of glass surfaces," *Journal of Physics - Condensed Matter*, vol. 7, pp. 4351–4358, JUN 5 1995.

[5] P. Gupta, D. Inniss, C. Kurkjian, and Q. Zhong, "Nanoscale roughness of oxide glass surfaces," *Journal of non-crystalline solids*, vol. 262, pp. 200–206, FEB 2000.

[6] T. Seydel, M. Tolan, B. Ocko, O. Seeck, R. Weber, E. DiMasi, and W. Press, "Freezing of capillary waves at the glass transition," *Physical Review B*, vol. 65, MAY 1 2002.

[7] P. Roberts, F. Couny, H. Sabert, B. Mangan, D. Williams, L. Farr, M. Mason, A. Tomlinson, T. Birks, J. Knight, and P. Russell, "Ultimate low loss of hollow-core photonic crystal fibres," *Optics Express*, vol. 13, pp. 236–244, JAN 10 2005.

[8] T. Sarlat, A. Lelarge, E. Sondergard, and D. Vandembroucq, "Frozen capillary waves on glass surfaces: an AFM study," *European Physical Journal B*, vol. 54, pp. 121–126, NOV 2006.

[9] M. Sumetsky, Y. Dulashko, J. M. Fini, A. Hale, and J. W. Nicholson, "Probing optical microfiber nonuniformities at nanoscale," *Optics Letters*, vol. 31, pp. 2393–2395, AUG 15 2006.

[10] M. Sumetsky, "How thin can a microfiber be and still guide light?," *Optics Letters*, vol. 31, pp. 870–872, APR 1 2006.

[11] M. Sumetsky, "Optics of tunneling from adiabatic nanotapers," *Optics Letters*, vol. 31, pp. 3420–3422, DEC 1 2006.

[12] M. Sumetsky, "How thin can a microfiber be and still guide light? Errata," *Optics Letters*, vol. 31, pp. 3577–3578, DEC 15 2006.

[13] M. Sumetsky, Y. Dulashko, P. Domachuk, and B. J. Eggleton, "Thinnest optical waveguide: experimental test," *Optics Letters*, vol. 32, pp. 754–756, APR 1 2007.

[14] G. Brambilla, F. Xu, and X. Feng, "Fabrication of optical fibre nanowires and their optical and mechanical characterisation," *Electronics Letters*, vol. 42, pp. 517–519, APR 27 2006.

[15] G. Brambilla, V. Finazzi, and D. Richardson, "Ultra-low-loss optical fiber nanotapers," *Optics Express*, vol. 12, pp. 2258–2263, MAY 17 2004.

[16] J. Knight, T. Birks, P. Russell, and D. Atkin, "All-silica single-mode optical fiber with photonic crystal cladding," *Optics Letters*, vol. 21, pp. 1547–1549, OCT 1 1996.

[17] J. M. Dudley, G. Genty, and S. Coen, "Supercontinuum generation in photonic crystal fiber," *Reviews of Modern Physics*, vol. 78, pp. 1135–1184, OCT-DEC 2006.

[18] J. M. Dudley and J. R. Taylor, "Ten years of nonlinear optics in photonic crystal fibre," *Nature Photonics*, vol. 3, pp. 85–90, FEB 2009.

[19] G. Genty, S. Coen, and J. M. Dudley, "Fiber supercontinuum sources (Invited)," *Journal of the Optical Society of America B - Optical Physics*, vol. 24, pp. 1771–1785, AUG 2007.

[20] C. Lin and R. Stolen, "New nanosecond continuum for excited-state spectroscopy," *Applied Physics Letters*, vol. 28, no. 4, pp. 216–218, 1976.

[21] J. Dudley and S. Coen, "Coherence properties of supercontinuum spectra generated in photonic crystal and tapered optical fibers," *Optics Letters*, vol. 27, pp. 1180–1182, JUL 1 2002.

[22] G. P. Agrawal, *Nonlinear Fiber Optics*. San Diego: Acadamic Press, 2001.

[23] M. Foster and A. Gaeta, "Ultra-low threshold supercontinuum generation in sub-wavelength waveguides," *Optics Express*, vol. 12, pp. 3137–3143, JUL 12 2004.

[24] M. Foster, J. Dudley, B. Kibler, Q. Cao, D. Lee, R. Trebino, and A. Gaeta, "Nonlinear pulse propagation and supercontinuum generation in photonic nanowires: experiment and simulation," *Applied Physics B - Lasers and Optics*, vol. 81, pp. 363–367, JUL 2005.

[25] M. A. Foster, A. C. Turner, M. Lipson, and A. L. Gaeta, "Nonlinear optics in photonic nanowires," *Optics Express*, vol. 16, pp. 1300–1320, JAN 21 2008.

[26] R. R. Gattass, G. T. Svacha, L. Tong, and E. Mazur, "Supercontinuum generation in submicrometer diameter silica fibers," *Optics Express*, vol. 14, pp. 9408–9414, OCT 2 2006.

[27] S. Leon-Saval, T. Birks, W. Wadsworth, P. Russell, and M. Mason, "Supercontinuum generation in submicron fibre waveguides," *Optics Express*, vol. 12, pp. 2864–2869, JUN 28 2004.

[28] M. Foster, K. Moll, and A. Gaeta, "Optimal waveguide dimensions for nonlinear interactions," *Optics Express*, vol. 12, pp. 2880–2887, JUN 28 2004.

[29] A. Hartung, S. Brückner, and H. Bartelt, "Limits of light guidance in optical nanofibers," *Optics Express*, vol. 18, pp. 3754–3761, FEB 15 2010.

[30] A. M. Heidt, A. Hartung, G. W. Bosman, P. Krok, E. G. Rohwer, H. Schwoerer, and H. Bartelt, "Coherent octave spanning near-infrared and visible supercontinuum generation in all-normal dispersion photonic crystal fibers," *Optics Express*, vol. 19, pp. 3775–3787, FEB 14 2011.

[31] A. Hartung, A. M. Heidt, and H. Bartelt, "Design of all-normal dispersion microstructured optical fibers for pulse-preserving supercontinuum generation," *Optics Express*, vol. 19, pp. 7742–7749, APR 11 2011.

[32] A. Hartung, A. M. Heidt, and H. Bartelt, "Pulse-preserving broadband visible supercontinuum generation in all-normal dispersion tapered suspended-core optical fibers," *Optics Express*, vol. 19, pp. 12275–12283, JUN 20 2011.

[33] A. M. Heidt, J. Rothhardt, A. Hartung, H. Bartelt, E. G. Rohwer, J. Limpert, and A. Tünnermann, "High quality sub-two cycle pulses from compression of supercontinuum generated in all-normal dispersion photonic crystal fiber," *Optics Express*, vol. 19, pp. 13873–13879, JUL 18 2011.

[34] Y. R. Shen, *Principles of Nonlinear Optics*. New Jersey: Wiley, 1984.

[35] R. W. Boyd, *Nonlinear Optics*. San Diego: Acadamic Press, 1992.

[36] R. Stolen and C. Lin, "Self-phase-modulation in silica optical fibers," *Physical Review A*, vol. 17, no. 4, pp. 1448–1453, 1978.

[37] R. Stolen, A. Tynes, and E. Ippen, "Raman oscillation in glass optical waveguide," *Applied Physics Letters*, vol. 20, no. 2, p. 62, 1972.

[38] E. Ippen and R. Stolen, "Stimulated Brillouin-scattering in optical fibers," *Applied Physics Letters*, vol. 21, no. 11, p. 539, 1972.

[39] J. Love, W. Henry, W. Stewart, R. Black, S. Lacroix, and F. Gonthier, "Tapered single-mode fibers and devices part 1: Adiabaticity criteria," *IEE Proceedings J - Optoelectronics*, vol. 138, pp. 343–354, OCT 1991.

[40] Y. Jung, G. Brambilla, and D. J. Richardson, "Broadband single-mode operation of standard optical fibers by using a sub-wavelength optical wire filter," *Optics Express*, vol. 16, pp. 14661–14667, SEP 15 2008.

[41] R. Black, S. Lacroix, F. Gonthier, and J. Love, "Tapered single-mode fibers and devices part 2: experimental and theoretical quantification," *IEE Proceedings J - Optoelectronics*, vol. 138, pp. 355–364, OCT 1991.

[42] T. Birks and Y. Li, "The shape of fiber tapers," *Journal of Lightwave Technology*, vol. 10, pp. 432–438, APR 1992.

[43] J. Dewynne, J. Ockendon, and P. Wilmott, "On an mathematical model for fiber tapering," *Siam Journal of Applied Mathematics*, vol. 49, pp. 983–990, AUG 1989.

[44] M. Eisenmann and E. Weidel, "Single-mode fused biconical couplers for wavelength division multiplexing with channel spacing between 100 nm and 300 nm," *Journal of Lightwave Technology*, vol. 6, pp. 113–119, JAN 1988.

[45] J. Bures and R. Ghosh, "Power density of the evanescent field in the vicinity of a tapered fiber," *Journal of the Optical Society of America A - Optics Image Science and Vision*, vol. 16, pp. 1992–1996, AUG 1999.

[46] L. Shi, X. Chen, H. Liu, Y. Chen, Z. Ye, W. Liao, and Y. Xia, "Fabrication of submicron-diameter silica fibers using electric strip heater," *Optics Express*, vol. 14, pp. 5055–5060, JUN 12 2006.

[47] K. P. Nayak, P. N. Melentiev, M. Morinaga, F. Le Kien, V. I. Balykin, and K. Hakuta, "Optical nanofiber as an efficient tool for manipulating and probing atomic fluorescence," *Optics Express*, vol. 15, pp. 5431–5438, APR 30 2007.

[48] M. Sumetsky, Y. Dulashko, and A. Hale, "Fabrication and study of bent and coiled free silica nanowires: Self-coupling microloop optical interferometer," *Optics Express*, vol. 12, pp. 3521–3531, JUL 26 2004.

[49] A. Grellier, N. Zayer, and C. Pannell, "Heat transfer modelling in CO_2 laser processing of optical fibres," *Optics Communications*, vol. 152, pp. 324–328, JUL 1 1998.

[50] T. M. Monro, S. Warren-Smith, E. P. Schartner, A. Francois, S. Heng, H. Ebendorff-Heidepriem, and S. Afshar, "Sensing with suspended-core optical fibers," *Optical Fiber Technology*, vol. 16, pp. 343–356, DEC 2010.

[51] S. C. Warren-Smith, S. Afshar, V, and T. M. Monro, "Fluorescence-based sensing with optical nanowires: a generalized model and expe-

rimental validation," *Optics Express*, vol. 18, pp. 9474–9485, APR 26 2010.

[52] S. C. Warren-Smith, H. Ebendorff-Heidepriem, T. C. Foo, R. Moore, C. Davis, and T. M. Monro, "Exposed-core microstructured optical fibers for real-time fluorescence sensing," *Optics Express*, vol. 17, pp. 18533–18542, OCT 21 2009.

[53] H. Ebendorff-Heidepriem, S. C. Warren-Smith, and T. M. Monro, "Suspended nanowires: Fabrication, design and characterization of fibers with nanoscale cores," *Optics Express*, vol. 17, pp. 2646–2657, FEB 16 2009.

[54] L. Tong, J. Lou, Z. Ye, G. Svacha, and E. Mazur, "Self-modulated taper drawing of silica nanowires," *Nanotechnology*, vol. 16, pp. 1445–1448, SEP 2005.

[55] V. Finazzi, T. Monro, and D. Richardson, "Small-core silica holey fibers: nonlinearity and confinement loss trade-offs," *Journal of the Optical Society of America B - Optical Physics*, vol. 20, pp. 1427–1436, JUL 2003.

[56] A. Zheltikov, "Nanoscale nonlinear optics in photonic-crystal fibres," *Journal of Optics A - Pure and Applied Optics*, vol. 8, pp. S47–S72, APR 2006. Summer School on Photonic Metamaterials - From Micro to Nanoscale, Erice, ITALY, AUG 01-07, 2005.

[57] M. Liao, C. Chaudhari, X. Yan, G. Qin, C. Kito, T. Suzuki, and Y. Ohishi, "A suspended core nanofiber with unprecedented large diameter ratio of holey region to core," *Optics Express*, vol. 18, pp. 9088–9097, APR 26 2010.

[58] Y. Lize, E. Magi, V. Ta'eed, J. Bolger, P. Steinvurzel, and B. Eggleton, "Microstructured optical fiber photonic wires with subwave-

length core diameter," *Optics Express*, vol. 12, pp. 3209–3217, JUL 12 2004.

[59] E. Magi, P. Steinvurzel, and B. Eggleton, "Tapered photonic crystal fibers," *Optics Express*, vol. 12, pp. 776–784, MAR 8 2004.

[60] H. Nguyen, B. Kuhlmey, E. Magi, M. Steel, P. Domachuk, C. Smith, and B. Eggleton, "Tapered photonic crystal fibres: properties, characterisation and applications," *Applied Physics B - Lasers and Optics*, vol. 81, pp. 377–387, JUL 2005.

[61] W. Kingery, "Surface tension of some liquid oxides and their temperature coefficients," *Journal of the American Ceramic Society*, vol. 42, no. 1, pp. 6–10, 1959.

[62] N. Parikh, "Effect of atmosphere on surface tension of glass," *Journal of the American Ceramic Society*, vol. 41, no. 1, pp. 18–22, 1958.

[63] J. Mackenzie and R. Shuttleworth, "A phenomenological theory of sintering," *Proceedings of the Physical Society B*, vol. 62, pp. 833–852, 1949.

[64] M. Daimon and A. Masumura, "Measurement of the refractive index of distilled water from the near-infrared region to the ultraviolet region," *Applied Optics*, vol. 46, pp. 3811–3820, JUN 20 2007.

[65] M. Artiglia, G. Coppa, P. Divita, M. Potenza, and A. Sharma, "Mode field diameter measurements in single-mode optical fibers," *Journal of Lightwave Technology*, vol. 7, pp. 1139–1152, AUG 1989.

[66] D. Pennington, M. Henesian, and R. Hellwarth, "Nonlinear index of air at 1.053 µm," *Physical Review A*, vol. 39, pp. 3003–3009, MAR 15 1989.

[67] S. Bentley, R. Boyd, W. Butler, and A. Melissinos, "Measurement

of the thermal contribution to the nonlinear refractive index of air at 1064 nm," *Optics Letters*, vol. 25, pp. 1192–1194, AUG 15 2000.

[68] P. Russell, "Photonic crystal fibers," *Science*, vol. 299, pp. 358–362, JAN 17 2003.

[69] J. Ranka, R. Windeler, and A. Stentz, "Visible continuum generation in air-silica microstructure optical fibers with anomalous dispersion at 800 nm," *Optics Letters*, vol. 25, pp. 25–27, JAN 1 2000.

[70] K. Hilligsoe, T. Andersen, H. Paulsen, C. Nielsen, K. Molmer, S. Keiding, R. Kristiansen, K. Hansen, and J. Larsen, "Supercontinuum generation in a photonic crystal fiber with two zero dispersion wavelengths," *Optics Express*, vol. 12, pp. 1045–1054, MAR 22 2004.

[71] P. Falk, M. Frosz, and O. Bang, "Supercontinuum generation in a photonic crystal fiber with two zero-dispersion wavelengths tapered to normal dispersion at all wavelengths," *Optics Express*, vol. 13, pp. 7535–7540, SEP 19 2005.

[72] M. Frosz, P. Falk, and O. Bang, "The role of the second zero-dispersion wavelength in generation of supercontinua and bright-bright soliton-pairs across the zero-dispersion wavelength," *Optics Express*, vol. 13, pp. 6181–6192, AUG 8 2005.

[73] A. Heidt, *Novel coherent supercontinuum light sources based on all-normal dispersion optical fibers*. Dissertation, Universität Jena, 2011.

[74] A. Lorenz, *Dispersionsmessungen an optischen Fasertapern*. Studienarbeit, Universität Jena, 2009.

[75] G. Brambilla, F. Koizumi, V. Finazzi, and D. Richardson, "Supercontinuum generation in tapered bismuth silicate fibres," *Electronics Letters*, vol. 41, pp. 795–797, JUL 7 2005.

[76] J. Leong, P. Petropoulos, J. Price, H. Ebendorff-Heidepriem, S. Asimakis, R. Moore, K. Frampton, V. Finazzi, X. Feng, T. Monro, and D. Richardson, "High-nonlinearity dispersion-shifted lead-silicate holey fibers for efficient 1 μm pumped supercontinuum generation," *Journal of Lightwave Technology*, vol. 24, pp. 183–190, JAN 2006.

[77] E. C. Maegi, L. B. Fu, H. C. Nguyen, M. R. E. Lamont, D. I. Yeom, and B. J. Eggleton, "Enhanced Kerr nonlinearity in sub-wavelength diameter As_2Se_3 chalcogenide fiber tapers," *Optics Express*, vol. 15, pp. 10324–10329, AUG 6 2007.

[78] J. M. Dudley and T. J. R., *Supercontinuum Generation in Optical Fibers*. Cambridge: Cambridge University Press, 2010.

[79] W. Rodney, I. Malitson, and T. King, "Refractive index of arsenic trisulfide," *Journal of the Optical Society of America*, vol. 48, no. 9, pp. 633–636, 1958.

[80] B. Ung and M. Skorobogatiy, "Chalcogenide microporous fibers for linear and nonlinear applications in the mid-infrared," *Optics Express*, vol. 18, pp. 8647–8659, APR 12 2010.

[81] J. Kobelke, R. Spittel, D. Hoh, K. Schuster, A. Schwuchow, F. Jahn, F. Just, C. Segel, A. Hartung, J. Kirchhof, and H. Bartelt, "Preparation and Characterization of Microstructured Silica Holey Fibers filled with High-Index Glasses," *SPIE Optics and Optoelectronics*, 2011.

[82] J. Hult, "A fourth-order Runge-Kutta in the interaction picture method for, simulating supercontinuum generation in optical fibers," *Journal of Lightwave Technology*, vol. 25, pp. 3770–3775, DEC 2007.

[83] A. M. Heidt, "Efficient Adaptive Step Size Method for the Simulation of Supercontinuum Generation in Optical Fibers," *Journal of Lightwave Technology*, vol. 27, pp. 3984–3991, SEP 15 2009.

[84] Q. Lin and G. P. Agrawal, "Raman response function for silica fibers," *Optics Letters*, vol. 31, pp. 3086–3088, NOV 1 2006.

[85] D. Anderson, M. Desaix, M. Lisak, and M. Quirogateixeiro, "Wave breaking in nonlinear-optical fibers," *Journal of the Optical Society of America B - Optical Physics*, vol. 9, pp. 1358–1361, AUG 1992.

[86] C. Finot, B. Kibler, L. Provost, and S. Wabnitz, "Beneficial impact of wave-breaking for coherent continuum formation in normally dispersive nonlinear fibers," *Journal of the Optical Society of America B - Optical Physics*, vol. 25, pp. 1938–1948, NOV 2008.

[87] J. C. Travers and J. R. Taylor, "Soliton trapping of dispersive waves in tapered optical fibers," *Optics Letters*, vol. 34, pp. 115–117, JAN 15 2009.

[88] J. C. Travers, S. V. Popov, and J. R. Taylor, "Extended blue supercontinuum generation in cascaded holey fibers," *Optics Letters*, vol. 30, pp. 3132–3134, DEC 1 2005.

[89] A. Kudlinski, A. K. George, J. C. Knight, J. C. Travers, A. B. Rulkov, S. V. Popov, and J. R. Taylor, "Zero-dispersion wavelength decreasing photonic crystal fibers for ultraviolet-extended supercontinuum generation," *Optics Express*, vol. 14, pp. 5715–5722, JUN 12 2006.

[90] J. C. Travers, "Blue extension of optical fibre supercontinuum generation," *Journal of Optics*, vol. 12, NOV 2010.

[91] J. Teipel, D. Turke, H. Giessen, A. Zintl, and B. Braun, "Compact multi-Watt picosecond coherent white light sources using multiple-taper fibers," *Optics Express*, vol. 13, pp. 1734–1742, MAR 7 2005.

[92] F. Lu, Y. Deng, and W. Knox, "Generation of broadband femtosecond visible pulses in dispersion-micromanaged holey fibers," *Optics Letters*, vol. 30, pp. 1566–1568, JUN 15 2005.

[93] S. P. Stark, A. Podlipensky, and P. S. J. Russell, "Soliton Blueshift in Tapered Photonic Crystal Fibers," *Physical Review Letters*, vol. 106, FEB 24 2011.

[94] S. P. Stark, A. Podlipensky, N. Y. Joly, and P. S. J. Russell, "Ultraviolet-enhanced supercontinuum generation in tapered photonic crystal fiber," *Journal of the Optical Society of America B - Optical Physics*, vol. 27, pp. 592–598, MAR 2010.

[95] L. Tong, J. Lou, R. Gattass, S. He, X. Chen, L. Liu, and E. Mazur, "Assembly of silica nanowires on silica aerogels for microphotonic devices," *Nano Letters*, vol. 5, pp. 259–262, FEB 2005.

[96] L. Xiao, M. D. W. Grogan, S. G. Leon-Saval, R. Williams, R. England, W. J. Wadsworth, and T. A. Birks, "Tapered fibers embedded in silica aerogel," *Optics Letters*, vol. 34, pp. 2724–2726, SEP 15 2009.

[97] F. Xu, V. Pruneri, V. Finazzi, and G. Brambilla, "An embedded optical nanowire loop resonator refractometric sensor," *Optics Express*, vol. 16, pp. 1062–1067, JAN 21 2008.

[98] N. Lou, R. Jha, J. Luis Dominguez-Juarez, V. Finazzi, J. Villatoro, G. Badenes, and V. Pruneri, "Embedded optical micro/nano-fibers for stable devices," *Optics Letters*, vol. 35, pp. 571–573, FEB 15 2010.

[99] F. X. Kärtner, *Few-Cycle Laser Pulse Generation and Its Applications*. Berlin: Springer, 2004.

[100] F. Krausz and M. Ivanov, "Attosecond physics," *Reviews of Modern Physics*, vol. 81, pp. 163–234, JAN-MAR 2009.

[101] T. Remetter, P. Johnsson, J. Mauritsson, K. Varju, Y. Ni, F. Lepine, E. Gustafsson, M. Kling, J. Khan, R. Lopez-Martens, K. Schafer,

M. Vrakking, and A. L'Huillier, "Attosecond electron wave packet interferometry," *Nature Physics*, vol. 2, pp. 323–326, MAY 2006.

[102] T. Rohwer, S. Hellmann, M. Wiesenmayer, C. Sohrt, A. Stange, B. Slomski, A. Carr, Y. Liu, L. Miaja-Avila, M. Kallaene, S. Mathias, L. Kipp, K. Rossnagel, and M. Bauer, "Collapse of long-range charge order tracked by time-resolved photoemission at high momenta," *Nature*, vol. 471, pp. 490+, MAR 24 2011.

[103] S. Demmler, J. Rothhardt, A. M. Heidt, A. Hartung, E. G. Rohwer, H. Bartelt, J. Limpert, and A. Tünnermann, "Generation of high quality, 1.3 cycle pulses by active phase control of an octave spanning supercontinuum," *Optics Express*, vol. 19, pp. 20151–20158, OCT 10 2011.

[104] S. Konorov, E. Serebryannikov, A. Zheltikov, P. Zhou, A. Tarasevitch, and D. von der Linde, "Mode-controlled colors from microstructure fibers," *Optics Express*, vol. 12, pp. 730–735, MAR 8 2004.

i want morebooks!

Buy your books fast and straightforward online - at one of world's fastest growing online book stores! Environmentally sound due to Print-on-Demand technologies.

Buy your books online at

www.get-morebooks.com

Kaufen Sie Ihre Bücher schnell und unkompliziert online – auf einer der am schnellsten wachsenden Buchhandelsplattformen weltweit! Dank Print-On-Demand umwelt- und ressourcenschonend produziert.

Bücher schneller online kaufen

www.morebooks.de

VDM Verlagsservicegesellschaft mbH
Heinrich-Böcking-Str. 6-8
D - 66121 Saarbrücken

Telefon: +49 681 3720 174
Telefax: +49 681 3720 1749

info@vdm-vsg.de
www.vdm-vsg.de

Printed by Books on Demand GmbH, Norderstedt / Germany